高 等 学 校 教 材

化学工程与工艺专业实验教程

HUAXUE GONGCHENG YU GONGYI ZHUANYE
SHIYAN JIAOCHENG

主审　刘国际

主编　侯翠红　任保增

郑州大学出版社

郑州

图书在版编目(CIP)数据

化学工程与工艺专业实验教程/侯翠红,任保增主编.—郑州：
郑州大学出版社,2017.12
ISBN 978-7-5645-4928-2

Ⅰ.①化… Ⅱ.①侯…②任… Ⅲ.①化学工程-化学实验-
高等学校-教材 Ⅳ.①TQ016

中国版本图书馆 CIP 数据核字（2017）第 269023 号

郑州大学出版社出版发行　　　　　　　　　　邮政编码:450052
郑州市大学路 40 号　　　　　　　　　　　　 发行电话:0371-66966070
出版人:张功员
全国新华书店经销
河南龙华印务有限公司印制
开本:787 mm×1 092 mm　1/16
印张:14.75
字数:305 千字
版次:2017 年 12 月第 1 版　　　　　　　　　印次:2017 年 12 月第 1 次印刷

书号:ISBN 978-7-5645-4928-2　　　　　　　定价:36.00 元
本书如有印装质量问题,请向本社调换

编委名单
BIANWEI MINGDAN

前言

QIANYAN

　　工程实践能力和综合创新素质的培养是工科教育的重要内容,实验教学是工科生培养的重要环节。化学工程与工艺专业实验是化学工程与工艺专业的本科生进入专业基础课学习之后,配合相应的理论课程教学独立设置的必修实践课程。旨在为学生提供理论联系实践的平台,培养学生能够将数学、自然科学、工程基础和专业知识等用于分析、解决化工过程复杂工程问题的能力,培养学生动手操作技能,建立工业与工程观念,提高工科专业综合素质。

　　本实验教程主要包含化工仪表及自动化实验、化工热力学实验、反应工程实验、专业实验和综合创新实验。涉及的实验教学项目大部分已在本专业开设运行多年,具有成熟的实验装置,经长期实践运行,积累了丰富的经验,取得了较好的成效。本次编撰总结了以往多年来我专业实践的成果,凝聚着几代专业教师和学生的心血,同时在新的形势下,有所提升和改进。结合我国加入"华盛顿协议"后与国际工程教育接轨,融入了工程与社会、环境和可持续发展、使用现代工具、职业规范、团队、项目管理等毕业要求,是在我校化学工程与工艺专业2017年专业实验室建设实验设备安装调试成功并投入运行,再次通过6年工程教育专业认证的基础上,按照工程教育专业认证的新理念和新要求编撰完成的。为达到现代化工实训的目标,在反应工程实验中增加了模拟2个精细化学品生产过程控制的计算机仿真实验内容,在专业实验中,结合专业特点和科研方向,设置了综合创新性实验,由学生自由选题,查阅资料,进行问题分析、设计/开发解决方案、搭建实验装置,独立进行实验研究和技术经济评价,培养学生、科研基本技能、综合素质、工程意识及创新能力,提高宽口径大化工类人才的工程实践创新能力。

全书分为 7 章,具体编写分工为:第 1 章由侯翠红编写;第 2 章由侯翠红、徐丽编写;第 3 章由陈俊英、郭茶秀、孙树旺编写;第 4 章由李红萍、周彩荣编写;第 5 章由李伟然、徐丽、靳会杰、程相林、李松杰、李涛、刘国际、侯翠红编写;第 6 章由徐丽、李伟然、程相林、靳会杰、谷守玉、周国莉、张亚涛、刘国际、化全县、侯翠红、雒廷亮编写;第 7 章由侯翠红、任保增、徐丽、化全县、王好斌编写。全书由侯翠红统稿整理,承蒙刘国际教授审阅定稿。

本教材编写出版过程中,得到郑州大学教务处的大力支持和经费资助,借鉴了国内外同行的相关教材和参考文献,得益于全体专业教师和学生多年来给予的大力支持和协作,研究生朱基琛同学参与了部分教材整理工作,在此一并致谢。同时感谢郑州大学出版社相关领导和编辑的辛勤付出,使得该教材如期顺利出版。

本书的研究成果得到“十三五”国家重点研发计划项目(2016YFD0200401)、河南省高等教育改革与研究项目的资助和支持,特此致谢。

教材中不足之处,恳请有关专家和读者批评指正。

编者

2017 年 8 月

目录
MULU

第1章　化学工程与工艺专业实验教学目标及学习建议

化学工程与工艺专业实验是化学工程与工艺专业的本科生进入专业基础课学习之后开设的实验教学内容,包含化工仪表与自动化实验、化工热力学实验、反应工程实验和专业实验,在高等学校化工类专业教学计划中配合专业必修的理论课程独立设课,为必修实践课程。

一、实验教学目标

化学工程与工艺是研究化学工业生产过程中的共同规律,并用化学方法改变物质组成或性质来生产化学产品的一门工程学科。化学工程与工艺专业依托化学工程与技术学科,主要研究化学在工程实际中的应用。因此,通过化学工程与工艺专业实验:

(1)提高学生感性认知,使学生在前修课程基础上,通过专业基础课的学习和独立实验,理论联系实际,更好地理解教学内容,掌握实验室安全知识,巩固和加深对所学基本理论的理解,实现知识的融会贯通,培养学生综合运用所学知识分析解决实际工程问题的能力。

(2)培养学生能够基于科学原理,采用科学方法进行科学研究的初步能力;能够基于专业基础理论,根据对象特征,选择研究路线,设计可行的实验方案;能选用或搭建实验装置,采用科学的实验方法,安全地开展实验;能够正确观察、积极思考和科学分析实验过程,运用各种实验手段正确采集实验数据,并利用计算机等现代工具分析整理实验数据,能对实验结果进行关联、建模、分析和解释,获取合理有效的结论。

(3)使学生掌握化工常用的实验技术和实验研究方法,了解和掌握本专业常用仪器与实验装置的结构与操作方法,锻炼学生的动手能力,掌握规范的实验操作。

(4)培养学生树立严谨求实的科学作风,养成良好的科研、工作习惯。

(5)通过对实验结果进行分析、撰写实验报告等环节,培养学生表达能力,提高对所研究问题进行探索和创新的能力。

(6)实验一般分组进行,每组由 1~4 人组成,在实验过程中大家分工协作,可培养学生团队合作精神,增强社会责任感。

二、实验学习方法建议

一个完整的专业实验过程相当于一项科学研究的缩影,特别是综合性、设计性实验。因此,做实验实际上也是接受科研训练的过程,同学们应认真对待并积极参与专业实验。

为保证实验的良好效果,学生和指导教师可参考以下学习方法:

(一)认真做好实验预习

(1)在实验前,认真阅读实验指导书,明确实验目的,了解实验内容,必要时查阅相关理论课程教材及资料,明晰实验原理和方法。

(2)根据实验的具体任务和目标,熟悉实验步骤和注意事项,必要时绘制实验流程图。

(3)拟定实验方案,预设出现问题如何进行调整,要有预案。

(4)注意实验中使用的试剂及危化品的防护,三废处理方式等。

(二)严格实验操作与组织

(1)为保证实验质量和效果,尽可能得到全面的训练,学生须提前分好组,做好实验组织工作。可由组长全面负责,既有分工,又有协作,制定的实验方案可在组内讨论,各司其职,并进行轮换,发挥每位同学的主观能动性。

(2)在实验课前指导教师须向学生进行安全教育,签署安全告知书。学生进入实验室,必须穿戴实验工作服,佩戴防护目镜,重视安全防护。

(3)在教师指导下开展实验操作和研究,严格遵守实验操作规范,既要胆大,又要心细,实验过程中仔细观察,详细如实记录实验记录和数据,对实验过程中出现的问题要认真分析积极思考,并想办法解决。

(4)实验结束,须将装置设备恢复至原状,实验用品归位,实验室台面及周围环境整理干净,并将实验记录本交回指导教师审阅,在实验装置使用记录簿上签字,方可离开实验室。

(三)及时如实做好实验记录

进行实验时,要如实做好实验记录。养成随做随记的好习惯,切不可等实验结束后凭回忆来写实验记录,更不允许编造实验数据。

(四)认真撰写实验报告

实验报告以实验数据的准确性和可靠性为基础,是判断实验工作完成质量的重要评价依据,是对实验研究工作的系统分析和全面总结。实验报告通常包括实验目的、实验原理、实验装置或流程、实验步骤、实验数据处理、实验结果与讨论等。

实验报告的撰写不要照抄实验指导书,应结合自己的理解和实际操作过程,简洁清晰地进行梳理和描述,装置或流程的绘制尽可能用铅笔、直尺认真完成。实验数据的处理要求处理方法和过程完整规范,计算结果正确(注意数值、单位和有效数字等)。如需图纸,需用坐标纸描绘画线,尽量使用现代计算工具和软件。讨论是分析问题的过程,可结合理论、实验现象、实验数据进行讨论。除此之外,还可对实验提出改进意见,也可将实验过程中个人的收获、体会或不足等写进去,认真总结,逐步提高认识水平,为以后的研究开发和技术工作打下基础。

第2章 实验室安全管理及要求

一、实验室学生守则

为保证实验课程的正常进行,保障学生人身安全和实验室安全,学生进入实验室必须遵守以下实验室守则:

(1)实验前学生必须做好预习,切实做好实验前的准备工作。

(2)进入实验室,要穿戴工作服和防护镜,着装规范。

(3)进入实验室后,要熟悉实验室及周围环境,熟悉安全通道,了解灭火器材、急救药箱的放置位置和使用方法。严格遵守实验室的安全守则和每个实验操作中的安全注意事项。若有意外发生,要及时报告指导教师或实验员处理。遇到事故要保持镇静,迅速报警并采取紧急措施(切断电源,气源等),防止事故扩大,并注意保护现场。

(4)进入实验室不得大声喧哗,不得到处走动,禁止吸烟,不要随地吐痰并保持清洁卫生。

(5)严格遵守实验室各项规章制度,不准动用与本次实验无关的仪器、设备和其他室内设施,爱护公物。

(6)使用仪器、设备必须遵守操作规程。实验准备就绪后,须经指导老师同意,方可动用仪器(接通电源)进行实验。

(7)实验中遵从教师指导,按照操作要求进行试验,要集中精力,认真操作,细心观察,积极思考,认真记录,各种数据尽量要求准确。不允许抄袭其他组的数据,不得擅离操作岗位。

(8)实验中注意节约水、电、气和药品。如不慎损坏仪器、仪表、设备等,要及时报告指导教师或实验员,依照实验室规章制度进行处理。

(9)实验完毕,应将仪器、设备和实验用品具清点整理好,归位,废弃物应分别放置到指定地点,不得乱丢,更不能随意丢入垃圾桶或倒入水槽,关闭水电气开关,清扫干净实验场地,经老师同意后方可离开实验室。

二、专业实验室安全及管理规定

实验室是教学、科研的重要基地,是国家财产比较集中的场所,因此,实验室安全及管理工作应高度重视,并遵守以下规定:

(1)认真做好"四防"工作,即防火、防盗、防毒、防事故。

(2)无论任何人,必须具备必要的实验知识和一定的实验操作技能,经指导老师或管理人员允许方可进行实验或操作。

(3)在学生进行实验操作前,任课教师或指导实验的人员要对学生进行安全教育,应将实验程序、操作方法、应注意的事项,易发生的问题及应急处理办法等一一交代清楚。对不遵守实验室纪律和有关规定、违反操作规程、不听教育劝阻者,教师或指导实验人员有权责令其停止实验或操作,以免妨碍他人或发生事故。对无理取闹者,要及时向有关部门报告。

(4)严格执行《危险化学品暂行管理办法》和国家有关规定,任何人不得违反。对规定允许的最少存量和实验临时领回的危险品要建立卡片,明确责任,妥善保管,每周清点一次。凡超出规定的存量,必须在星期五下班以前交危险品仓库。不准随便处理,更不准转给个人。易燃、易爆物品必须按安全标准放置。不经有关部门允许不得随意乱架电线和接电源。

(5)不准在实验室住宿(不包括经批准的值班人员),不准在实验室会客和随便领人参观,实验室及库房禁止烟火。

(6)加强安全防范措施,搞好安全预防工作。各实验室负责人应负责本实验室的安全工作,对本实验室人员要经常进行安全和提高警惕的教育,定期进行安全检查,发现不安全因素及时解决,除节假日进行全面的安全检查外,每次实验结束后和下班前,实验室管理人员(或带实验老师)都要进行检查,并切断电源、气源、水源、关好门窗等。实验室全体人员都要熟悉灭火器的性能及使用方法,并根据本实验室的特点,自备一些必要的临时防护器材,以备急用,把事故消灭在萌芽阶段。对消防器材、设备要按规定妥善保管,非火警不准动用。定期检查消防器材的可靠性。

(7)要严格执行有关贵重、精密、稀缺仪器设备的管理规定,要指定管理人,明确责任,精心管理,确保安全。

(8)各实验室要注意防盗,特别是有精密、贵重仪器或民用设备(如电教室)的实验室应采取安全防盗措施,如安装防盗门、防盗铃等,并在保卫处备案,加强保护。

(9)严格遵守实验楼门卫制度,特殊情况应事先与门卫联系登记。

三、实验室"三废"处理制度

(1)实验人员应严格遵守有关环保法令,必须加深对环境保护、防止公害的认识,自觉采取措施防止污染,以免危害自身或者危及他人。

(2)认真检修通风设备,使实验室通风橱经常处于完好状态,有毒气体必须在通风橱操作,并按环保技术要求对废气进行处理。

(3)每个实验室房间必须配置一个100 L的废液桶和2~4个小型废料桶,学生实验后的废弃物必须倒入指定的废料桶,各实验室指定专人负责对收集的废液、废料按环保技术要求进行处理。

(4)实验室排出的废液,虽然与工业废液相比在数量上是很少的,但是,由于其种类多,加上组成经常变化,因而最好不要把它集中处理,而由各个实验室根据废弃物的性质,分别加以处理。

(5)随着废液的组成不同,在处理过程中,往往伴随着产生有毒气及发热、爆炸等危险。因此,处理前必须充分了解废液的性质,然后分别加入少量所需添加的药品,同时,必须边注意观察边进行操作。

(6)含有络离子、螯合物类物质的废液,只加入一种消除药品有时不能把它处理完全。因此,要采取适当的措施,注意防止一部分还未处理的有害物质直接排放出去。

(7)对于为了分解氰基而加入次氯酸钠,以致产生游离氯,以及由于用硫化物沉淀法处理废液而生成水溶性的硫化物等情况,其处理后的废水往往有害。因此,必须把它们加以再处理。

(8)黏附有有害物质的滤纸、包装纸、绵纸、废活性炭及塑料容器等东西,不要丢入垃圾箱内,要分类收藏,加以焚烧或其他适当的处理,然后保管好残渣。

(9)处理废液时,为了节约处理所用的药品,可将废络酸混合液用于分解有机物,以及将废酸、废碱互相中和。要积极考虑废液的利用。

(10)尽量利用无害或易于处理的代用品,代替络酸混合液之类会排出有害废液的药品。

(11)对甲醇、乙醇、丙酮及苯之类用量较大的溶剂,原则上要把它回收利用,而将其残渣加以处理。

四、实验室危险化学品应急预案

为了积极应对危险化学品可能发生的危害事件,有序地组织开展抢救工作,最大限度减少人员伤亡和财产损失,及时控制事故扩大,特制定“危险化学品应急预案”。

实验室存有各种化学试剂,包括易燃的、有毒的、有腐蚀性的或是易爆炸的化学试剂。实验过程中容易发生如失火、爆炸、烧伤和中毒等事故。为确保实验室的安全,现将几种伤害发生的原因、预防措施及处理方法分述如下。

(一)火灾

发生原因：

(1)点燃的酒精灯碰翻或酒精喷灯使用不当。

(2)可燃物质如汽油、酒精、乙醚等因接触火焰或处在较高温度下着火燃烧。

(3)能自燃的物质如白磷等由于接触空气或长时间氧化作用而燃烧。

(4)化学反应引起的燃烧或爆炸。

预防措施：

(1)易燃物和强氧化剂分开放置。

(2)进行加热或燃烧实验时,要求严格遵守操作规程。

(3)使用易挥发的可燃物质,实验装置要严密不漏气,严禁在燃烧的火焰附近转移或添加易燃溶剂。

(4)易挥发的可燃性废液只能倾入水槽,并立刻用水冲去。可燃废物如浸过可燃性液体的滤纸、棉花等,不得倒入废物箱内,及时在露天烧去。不得把燃着的或带有火星的火柴梗投入废物箱内。

(5)实验室内严禁烟火。

(6)实验室内经常备有沙桶、灭火器等防火器材。

(7)实验结束离开实验室前,仔细检查酒精灯是否熄灭,电源是否关闭。

处理方法：

(1)迅速移走一切可燃物,切断电源,关闭通风器,防止火势蔓延。

(2)如果是酒精等有机溶剂泼洒在桌面上着火燃烧,用湿抹布、沙子盖灭,或用灭火器扑灭。如果衣服着火,立即用湿布蒙盖,使之与空气隔绝而熄灭。衣服的燃烧面积较大,可躺在地上打滚,使火焰不致向上烧着头部,同时也可使火熄灭。

(二)爆炸

发生原因：

(1)仪器装置错误,在加热过程中形成密闭系统,或操作大意,冷水流入灼热的容器。

(2)气体通路发生堵塞故障。

(3)在密闭容器里加热易挥发的有机试剂,如乙醚等。

(4)减压试验时使用薄壁玻璃容器,或造成压力突变。

预防措施：

(1)蒸馏时,仪器系统不可完全密闭。使用气体时,应严防气体发生器或导气管堵塞。

(2)在减压蒸馏时,不可用平底或薄壁烧瓶,所用橡皮塞也不宜太小,否则易被抽入瓶内或冷凝器内,造成压力的突然变化而引起爆炸。操作完毕后,应待瓶内液体冷到室温,小心放入空气后,再拆除仪器。

(3)对在反应过程中估计会有爆炸危险的,则使用防护屏和护目镜。

(三)中毒

发生原因:

(1)接触了有毒物质或吸入有毒气体。

(2)对有些试剂的性质不够了解,处理不当。

(3)制备有毒气体的装置不合理或操作不熟练。

预防措施:

(1)购买有毒化学品必须先履行相关的审批手续,具备合适的存放地点,并有专人保管。

(2)一切能产生有毒气体的实验,必须在通风橱内进行。必要时戴上防毒口罩或防毒面具。

(3)有毒药品应严格按操作规程和规定的限量使用。

(4)使用气体吸收剂来防止有毒气体污染空气。

(5)有毒的废物、废液经过处理后再排放。

(6)禁止在实验室内饮食或利用实验器具储存食品。餐具不能带进实验室。

(7)手上如沾到药品,应用肥皂和冷水洗除,不宜用热水洗,也不可用有机溶剂洗手。

(8)皮肤上有破伤,不能接触有毒物质。

(9)实验室要经常注意通风,即使在冬季,也适时通风。

万一发生中毒,一般的急救方法如下:

误吞毒物,常用的急救方法是给中毒者先服催吐剂,如肥皂水、芥末和水或给以面粉和水、鸡蛋白、牛奶和食用油等缓和刺激,然后用手指伸入喉部引起呕吐。对磷中毒的人不能喝牛奶,可用5~10毫升1%的硫酸铜溶液加入一杯温水内服,以促使呕吐,然后送医院治疗。

有毒物质落在皮肤上,要立即用棉花或纱布擦掉,除白磷烧伤外,其余的均可以用大量水冲洗。如果皮肤已有破伤或毒物落入眼睛内,经水冲洗后,要立即送医院治疗。

(四)烧伤

烧伤是由灼热的液体、固体、气体、化学物质或电热等引起的损伤。为了预防烧伤,实验时严防过热的物体与身体任何部分接触。

烧伤的伤势一般是按烧伤深度不同分为三度,烧伤的急救办法应根据各度伤势分别处理。

一度烧伤:只损伤表皮,皮肤呈红斑,微痛,微肿,无水泡,感觉过敏。如被化学药品烧伤,应立即用大量水冲洗,除去残留在创面上的化学物质,并用冷水浸沐伤处,以减轻疼痛,最后用 1 : 1000"新洁而灭"消毒,保护创面不受感染。

二度烧伤:损伤表皮及真皮层,皮肤起水泡,疼痛,水肿明显。创面如污染严重,先用清水或生理盐水冲洗,再以 1 : 1000"新洁而灭"消毒,不要挑破水泡,用消毒纱布轻轻包扎好,请医生治疗。

三度烧伤:损伤皮肤全层、皮下组织、肌肉、骨骼,创面呈灰白色或焦黄色,无水泡,不痛,感觉消失。在送医院前,主要防止感染和休克,可用消毒纱布轻轻包扎好,给伤者保暖,必要时注射吗啡以止痛。

(五)一般伤害的救护措施

(1)被强酸腐蚀:立即用大量水冲洗,再用碳酸钠或碳酸氢钠溶液冲洗。

(2)被浓碱腐蚀:立即用大量水冲洗,再用醋酸溶液或硼酸溶液冲洗。

实验室里备有救护药箱,在实验室的固定处放置。箱内一般存放下列用品:

1)创可贴,消毒纱布、消毒绷带、消毒药棉、胶布、剪刀、量杯、洗眼杯等。

2)碘酒(5%～10%的碘片加入少量碘化钾的酒精溶液)、红汞水(2%)或龙胆紫药水(供外伤用)。注意:红汞与碘酒不能合用。

3)治烫伤的软膏、消炎粉、甘油、医用酒精、凡士林等。

4)硼酸(2%的水溶液)。

5)醋酸(2%的水溶液)。

6)高锰酸钾晶体,用时溶于水制成溶液。

五、实验室消防知识

(一)消防基本知识

(1)燃烧:是指可燃物与氧或氧化剂作用发生的释放热量的化学反应,通常伴有火燃和发烟现象。

(2)燃烧发生必备的三个条件:可燃物、助燃剂和火源,并且三个条件要同时具备,去掉一个火灾即可扑灭。

(3)可燃物:凡是能与空气中的氧或氧化剂起化学反应的物质统称为可燃物。按其物理状态可分为气体可燃物(如氧气、一氧化碳),液体可燃物(如酒精、汽油、天那水等)和固体可燃物(如木材、布料、塑料、纸板等)三类。

(4)助燃剂:凡是能帮助和支持可燃物燃烧的物质统称为助燃剂(如空气、氧气、氢气等)。

(5)着火源:凡是能够引起可燃物与助燃剂发生燃烧反应的能量来源(常见的是热量)叫着火源。

(6)爆炸:是指在极其短的时间内有可燃物和爆炸物品发生化学反应而引发的瞬间燃烧,同时产生大量的热和气体,并以很大的压力向四周扩散的现象。

（7）危险化学品：凡是具有易燃易爆、有毒、腐蚀性，在搬运、储存或使用过程中，如一定条件下能引起燃烧、爆炸，导致人身或财产损失的化学物品，统称为危险化学品。

（8）危险化学品一般分为：爆炸品、毒害品、腐蚀性、压缩气体和液化气体、易燃液体、易燃固体、自燃物品和遇湿易燃物品、氧化剂和有机过氧化物、放射性物品等。

（二）常见火灾

（1）电器类火灾发生的原因：电线年久失修，电线绝缘层受损、芯线裸露，超负荷用电，短路等。

（2）液化气体火灾发生的原因：气体在储存、搬运或使用过程中发生泄露，遇到明火等。

（3）化学危险品火灾发生的原因：储存、搬运、使用过程中发生泄露遇到明火或受热、撞击、摩擦有些物品（如氧化剂接触）。

（4）生活用火引发的火灾是产生的原因：吸烟，照明，驱蚊，小孩玩火，燃放烟花爆竹，使用易燃品等。

（三）常见火灾的扑救方法和注意事项

1.火灾扑救的基本方法

（1）窒息减灭法：用湿棉被、沙等覆盖在燃烧物表面，使燃烧物缺氧的助燃而熄灭。

（2）冷却减灭法：将水或灭火剂直接喷洒在燃烧物上面，使燃烧物的温度降低到燃点以下，从而终止燃烧。

（3）隔离减灭法：将燃烧物体邻近的可燃物隔离开，使燃烧停止。

（4）抑制法：将灭火剂喷在燃烧物体上，使灭火剂参与燃烧反应，达到抑制燃烧。

2.火灾扑救的注意事项

（1）为保证灭火人员安全，发生火灾后，应首先切断电源。然后才可以使用水、泡沫等灭火剂灭火。

（2）密闭条件好的小面积室内火灾，应先关闭门窗以阻止新鲜空气的进入，同时对相邻房间门紧闭并淋湿水，以阻止火势蔓延。

（3）对受到火势威胁的易燃易爆物品等，应做好防护措施。如关闭阀门、疏散到安全地带等，并及时撤离在场人员。

（四）常见火灾的预防

1.预防火灾的基本措施

要预防火灾就要消除燃烧的条件，其基本措施是：

（1）管制可燃物。

（2）隔绝助燃物。

（3）消除着火源。

（4）强化防火防灾的主观意识。

2. 电器类火灾的预防

（1）严禁非电工人员安装、修理电器。

（2）选择适宜的电线，保护好电线绝缘层，发现电线老化要及时更换。

（3）严禁超负荷运载。

（4）接头必须牢固、避免接触不良。

（5）禁止用铜丝代替保险丝。

（6）定期检查，加强监视。

3. 化学品库火灾的预防

（1）化学品库的容器、管道要保持良好状态，严防跑、冒、滴、漏。

（2）化学品库存放场所严禁一切明火。

（3）分类储存、性质相抵触、灭火方法不一样的化学危险品绝对不可以混放。

（4）从严管理、互相监督。

（5）严禁烟火。

（五）灭火器的适用范围及使用方法

1. MFT 型推车或灭火器

MFT 型推车及常见灭火器如图 2-1 和图 2-2 所示。

（1）适用于扑救石油及其产品、可燃气体、易燃液体、电器设备等的火灾。

（2）使用时取下喷枪，伸展胶管，按逆时针方向转动手枪至开启位置，双手紧握软管用力压开关头，对准火焰根部，喷射推进。

图 2-1　MFT 型推车　　　　图 2-2　常见灭火器

2. 干粉灭火器

（1）适用于扑救液体、气体、电器、固体火灾，能够抑制燃烧的连锁反应。

（2）使用时先将保险锁拔掉，然后一手握紧喷头对准火焰根部，一手下压开启开关压把。

第3章 化工仪表及自动化实验

自动化及控制技术是举世瞩目的高技术之一,自动化及控制技术的研究开发和应用水平是衡量一个国家发达程度的标志。自动化及控制技术的进步推动了工业生产的飞速发展,特别是在石油、化工、冶金、轻工等部门,促进了连续生产过程自动化的发展,大大提高了劳动生产率,获得了巨大的社会效益和经济效益。

随着自动化内涵的不断丰富,生产过程的复杂性和集成化程度的提高以及计算机技术的不断进步,自动化仪表、计算机控制系统、先进控制技术等现代化自动化技术已经并将进一步广泛地应用到工业生产的方方面面。这些也对自动化人才分析解决问题的能力提出了更高的要求。

自动化及控制技术实验是自动化的重要教学内容。自动化实验教学设备,涵盖了检测技术与传感器、过程控制工程、计算机控制系统,适用于各种层次的本、专科工业自动化控制工程、化学工程与工艺、制药工程、环境科学、过程控制等相关专业的实验教学。自动化实验对培养学生的实际动手能力、分析解决实际问题的能力及理论探索精神具有重要作用。

化工仪表及自动化实验是化工与制药类专业本科生的必修课程,配合理论教学独立设课,实验课总学时为 24 学时,1.5 学分。

1. 课程性质、目的和任务

化工仪表及自动化实验课程是化学工程、化工工艺类及相近专业的专业基础课,它在基础课和专业课之间起着承前启后、由理及工的桥梁作用,是化工类及相近专业的主干课程。

化工仪表及自动化实验的主要研究内容是以化工生产中的自动控制过程为背景,按其构成原理的共性归纳成的若干环节。化工仪表及自动化实验属工科科学,用自动控制的原理考察、解释和处理工程实际问题;加强实验技能的训练,强调工程观点,强调理论和实际相结合,提高分析问题、解决问题的能力。

使学生能根据各个控制环节的基本特点,综合应用专业基础知识解决工程问题;正确分析合理确定控制方案、控制器的正反作用,实现过程的自动控制。

2. 教学基本要求

通过化工仪表及自动化实验课程的学习,要求学生:掌握控制系统各环节的基本概念和基本内容,掌握各环节仪表的特点,提高分析和解决工程问题的能力;熟悉各环节的研究方法,学会从信息传递的角度理解控制过程。

3. 教学内容及要求

教学内容共包括 8 个实验,每个实验 3 个学时。

实验 3.1　对象的特性

掌握单容水箱的阶跃响应测试方法,并记录相应液位的响应曲线;根据实验得到的液位阶跃响应曲线,确定被测对象的特征参数 K、T 和特性方程式。

实验 3.2　压力表校验

理解测量值、标准值、误差、精度、变差的概念;熟悉压力表的原理及特性;熟悉压力表的校验及精度确定的方法。

实验 3.3　电动差压变送器特性

熟悉电动差压变送器的结构原理及特性;画出仪表的特性曲线,判断压力仪表的线性度。

实验 3.4　电子电位差计特性

熟悉电子电位差计的原理、特性、使用及校验方法。求出最大绝对误差,计算相对误差,判断自动电子电位差计的精度。

实验 3.5　电动温度变送器特性

熟悉电动温度变送器的原理、特性及使用方法,画出仪表的特性曲线,判断温度仪表的线性度。

实验 3.6　电动控制器特性

熟悉电动控制器的比例、积分、微分及其组合特性,熟悉基本控制规律。

实验 3.7　液位定值控制系统

熟悉简单液位定值控制系统的组成及特性,掌握控制器参数的整定方法。

实验 3.8　温度定值控制系统

了解单回路温度控制系统的组成与工作原理;研究 P、PI、PD、PID 四种调节器分别对温度系统的控制作用;掌握单闭环温度定值控制系统控制器参数的整定方法。

4. 考核方式

实验报告+平时成绩。

实验 3.1　对象的特性

一、实验目的

1. 掌握单容水箱的阶跃响应测试方法,并记录相应液位的响应曲线。

2. 根据实验得到的液位阶跃响应曲线,确定被测对象的特征参数 K、T 和特性方程式。

二、实验预备知识及预习要求

1. 了解一阶水槽对象特性方程式的推导过程。

2. 掌握描述对象特性的三个重要参数的意义。

三、实验装置

(一)实验装置简介

如图 3.1–1 所示。本套装置为对象和现场变送器显示二次仪表一体式结构设计,对象系统由液位水箱、复合加热水箱、仪表控制箱、各类检测装置、两套执行器、一套水路动力系统组成。

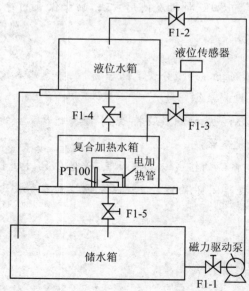

图 3.1–1　对象系统总流程图

液位水箱采用淡蓝色优质有机玻璃,不但坚实耐用,而且透明度高,便于直接观察液位的变化。水箱尺寸为:直径×高 = 200 mm×150 mm。水箱由缓冲槽、工作槽、出水槽和溢流管组成,进水时水管中的水先流入缓冲槽,出水时工作槽的水经出水槽流出,这样经过缓冲和线性化的处理,工作槽的液位较为稳定,便于观察。水箱底部连接有扩散硅压力变送器,可对水箱的压力和液位进行检测和变送。

(二)控制箱面板介绍

如图 3.1-2 所示,控制箱面板部分包含的主要器件如下。

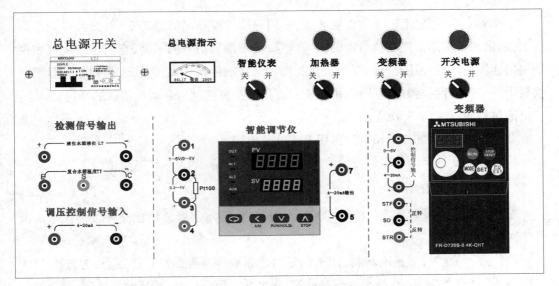

图 3.1-2　控制箱面板

1. 单相带漏电保护断路器

本套装置为单相三线 220 V±10%/50 Hz 供电,整机容量<1.5 kW。单相带漏电保护断路器设在总电源开关处,如发生漏电现象,该断路器会自动跳闸,以切断进线电源。本套实验系统需接地,单相三芯插座中含有地线,可使设备机壳直接与大地相连,接地后漏电压不大于 3 V(AC)。

2. 交流电压表

交流电压表设置在总电源指示处。当装置电源插座接入单相电网时,把单相空气开关合上,交流电压表显示接入电网的电压值大小,一般电网电压浮动不超过标准电压的10%,仪表均能正常工作。

3. 二位旋钮开关

在控制箱中有四个二位旋钮开关位于电压表右面,每个二位旋钮开关正上方都有一个电源指示灯指示其通断,它们分别控制着智能调节仪、单相调压模块、变频器和 24 V 开关电源的电源。向左即为关,向右即为开,为双触点常闭式结构。

4. 智能调节仪

本套装置配备一个智能调节仪,用于控制两个执行器作用于不同的对象系统。仪表带有三种输入规格、一路 4~20 mA 电流信号输出、测量/输出分屏显示、模糊 PID 算法控制及 RS485 通信功能,是工业中最常见的仪表之一。

智能调节仪输出的为 4~20 mA 线性电流信号,控制执行器动作,以调节被控参量的变化到达给定值。输出有手动和自动两种状态;当用于算法控制时,需设置输出到自动状态才能启动 PID 算法;需要手动控制执行器时,可以先将仪表的输出状态切换到手动输出状态。

5. 各种传感器、变送器和控制信号接口

本套对象系统共配置 10 件检测装置,它们的接口按输出信号的不同,分类排列在面板上,以供仪表引用。两套执行器的输入信号,位于检测信号的下面,它们主要由仪表控制输出连接用。另外还有一路开关量控制离心泵自动运转开关,为仪表控制箱流量积算仪最下面位置的两排强电接线柱,由流量积算仪做批量控制时自动控制泵的开启。

液位检测:1~5 V（DC）。

温度检测:复合加热水箱水温采用 PT100 热电阻。

传感器及变送器的输出信号分为两种:1~5 V（DC）、PT100 热电阻信号。

(三) 检测装置介绍

整套实验装置设置有液位检测和温度检测装置,但本实验所用检测装置为扩散硅液位变送器。

该传感器为扩散硅压阻材料,用于测量由水箱液位高度而产生的压力,为直流 24 V 供电、4~20 mA 变送输出、标准两线制接线、精度 0.5 级,是常见普通型传感器、变送器一体式结构的压力检测装置。

采集扩散硅液位变送器的测量信号时,将变送器输出信号的正负端对应接到仪表的 1~5 V 输入端即可。

当采集扩散硅液位变送器时,仪表需要设置参数为:输入规格 Sn=33,输入下限显示值 DIL=0 cm,输入上限显示值 DIH=50 cm。如果想提高显示范围,可将输入下限设为 0 mm,输入上限设为 500 mm。设置范围为 0~50 cm 是与装置上传感器的量程一一对应的,电容式压力变送器的量程为 0~5 kPa,对应液位高度就为 0~50 cm,其他电压输出的变送器输入规格同样 Sn=33,只是量程要根据传感器的量程来设置。

(四) 变频器介绍

采用日本三菱公司的 FR-S520SE-0.4K-CHR 型变频器,控制信号输入为 4~20 mA（DC）或 0~5 V（DC）,交流 220 V 变频输出用来驱动三相磁力驱动泵。

1. 变频器常用参数设置

P1=50;P160=0;P161=1;P182=4（电流）/3（电压）,本实验中 P182=4。

2. 变频器的操作

(1)变频器面板接线端子功能说明,如图 3.1-3 所示。

2 和 5:外部电压控制信号(0~5 V)输入端,2 接信号正端,5 接信号负端。

4 和 5:外部电流控制信号(4~20 mA DC)输入端,4 接信号正端,5 接信号负端。

STF、STR:电机正转与反转控制端,当 STF 与 SD 相连时电机为正转,当 STR 与 SD 相连时电机为反转。

SD:输入/输出公共端。

＜面板说明＞

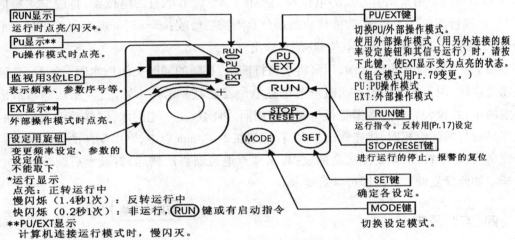

图 3.1-3　变频器的面板介绍

(2)变频器的基本操作说明,如图 3.1-4 所示。

＜基本操作＞

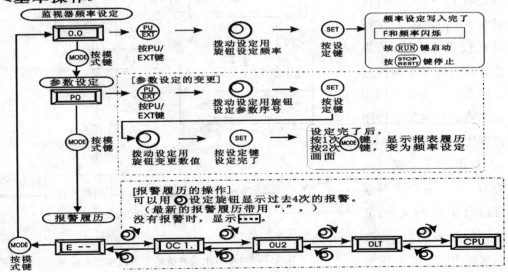

图 3.1-4　变频器的基本操作

（五）变送器零点校正

用智能仪表测量 LT 的信号，把仪表参数设为 HIRL＝999.9、LORL＝－199.9、DHRL＝999.9、DLRL＝999.9、DF＝0.3、CTRL＝1、Cr＝0.1、CTI＝1、SN＝33、DIP＝1、DIL＝0、DIH＝50、SC＝0.1、OP1＝4、OPL＝0、OPH＝100、ALP＝1、CF＝0、ADDR＝1、BAUD＝9600、DL＝1、RUN＝0、LOC＝808。

先给液位水箱打 2 cm 水，然后放掉。因为水有表面张力，这时水箱内会积留 5 mm 的水。将液位水箱右侧压力变送器的前端盖旋开，正面看里面的电路板右面一个电位器标着 Z（zero），是用来调节零点的电位器，左面一个是调节增益的电位器，将液位水箱信号 LT 接到智能仪表 1、2 端，智能仪表的部分参数需要修改：sn＝33，dih＝50。如果显示不为 0.5，调节且只能调节零点电位器，使其输出显示为 0.5。

然后关闭液位水箱出水阀，用泵将水箱打满水，打满的同时关闭进水阀。注意，必须关闭进水阀，因为水会回流。这时调节增益电位器使其显示与水箱液位一致，然后放出一定的水，看仪表显示的数据是否与实际值相同，再次放出一定的水，同样看仪表显示的数据是否与实际值相同，接连放出 4 次，若偏差在 2～4 mm 以内，则以同样的方法调下一个变送器；若不符合，则要把水全部放掉，从零点电位器再次调起，打满水后调节增益电位器。如此反复调节几次即可满足要求。

四、实验原理

所谓单容指只有一个储蓄容器。自衡是指对象在扰动作用下，其平衡位置被破坏后，不需要操作人员或仪表等干预，依靠其自身重新恢复平衡的过程。图 3.1-5 所示为单容自衡水箱特性测试结构图及方框图。阀门 F1-1 和 F1-2 全开，设下水箱流入量为 Q_1，改变变频器的频率可以改变 Q_1 的大小；液位水箱的流出量为 Q_2，改变出水阀 F1-4 的开度可以改变 Q_2。液位 h 的变化

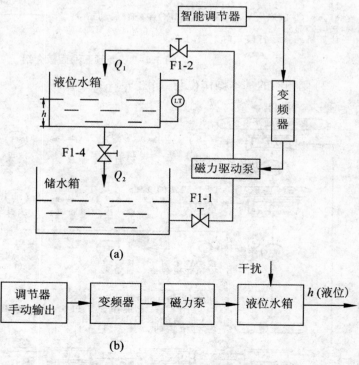

图 3.1-5　单容水箱液位特性测试实验原理图

反映了 Q_1 与 Q_2 不等而引起水箱中蓄水或泄水的过程。

五、实验步骤

本实验选择液位水箱作为被测对象。实验之前先将储水箱中储足水量,然后将阀门 F1-1、F1-2 全开,将液位水箱出水阀门 F1-4 开至适当开度(30% ~ 80%),其余阀门均关闭。

具体实验内容与步骤:

(1)将控制屏右侧 RS485 通信线通过 RS485/232 转换器连接到计算机串口 1,并按照图 3.1-6 控制箱接线图连接实验系统。

(2)接通总电源空气开关,打开 24 V 开关电源,给压力变送器上电,旋开智能仪表开关和变频器开关,给智能仪表及变频器上电。

(3)打开上位机 MCGS 组态环境,打开"THKGYW-1"工程,然后进入 MCGS 运行环境,在主菜单中点击"实验一、单容水箱特性的测试",进入"实验一"的监控界面。

(4)通过调节仪将输出值设置为一个合适的值(50% ~ 70%)。

(5)适当增加/减少智能仪表的输出量,使液位水箱的液位处于某一平衡位置,记录此时的仪表输出值和液位值。

(6)待液位水箱液位平衡后,突增(或突减)智能仪表输出量的大小,使其输出有一个正(或负)阶跃增量的变化,于是水箱的液位便离开原平衡状态,经过一段时间后,水箱液位进入新的平衡状态,记录此时的仪表输出值和液位测量值。

(7)根据前面记录的液位值和仪表输出值,计算 K 值,再根据实验曲线求得 T 值,写出单容水箱的特性方程式。

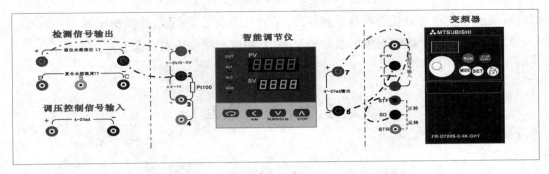

图 3.1-6　"单容水箱液位特性测试"实验接线图

六、注意事项

1.所加阶跃干扰的增量不宜过大,以免水箱中水溢出,一般不超过控制量的

5% ~ 15% 。

2. 使用前液位变送器需要定期进行调零。

七、数据处理

1. 按表 3.1-1 内容记录实验数据,并整理汇总。

表 3.1-1　单容水箱液位随时间变化数据记录表

初始频率:　　　Hz　　变化后频率:　　　Hz　　日期:

时间								
液位/mm								
时间								
液位/mm								
时间								
液位/mm								

2. 根据实验数据画出单容水箱对象的特性曲线。

八、思考与讨论

1. 根据实验得到的数据及曲线,分析并计算出单容水箱液位对象的参数及特性方程。

2. 做本实验时,为什么不能任意改变出水阀 F1-4 开度的大小?

3. 判断本实验对象是否有自平衡能力,是否与实验结果一致,并说明原因。

4. 用响应曲线法确定对象的数学模型时,其精度与哪些因素有关?

实验 3.2　压力表校验

一、实验目的

1. 理解测量值、标准值、误差、精度、变差的概念。

2. 熟悉压力表的原理及特性。

3. 熟悉压力表的校验及精度确定的方法。

二、实验预备知识及预习要求

1. 了解测量值、准确值、误差、精度、变差的概念及计算方法。
2. 了解弹簧管压力表的结构原理。
3. 熟悉实验装置,简要写出操作步骤。

三、实验原理

用压力表校验泵产生一定的压力,同时作用于标准压力表和被校压力表,比较仪表示值之差,验证精度。

四、实验装置及仪表

压力表校验泵	1 台
标准压力表(0.4 级,量程 0 ~ 1.6 MPa)	1 块
或(0.5 级,量程 0 ~ 2.5 MPa)	
被校压力表(1.5 级,量程 0 ~ 1.6 MPa)	1 块
或(1.5 级或 1.6 级,量程 0 ~ 2.5 MPa)	

五、实验步骤

(1)如图 3.2-1 所示,打开阀门 2,装好标准表和被校表,油杯中注入一定量的油,反复转动活塞手轮,使油充满压力传送系统。

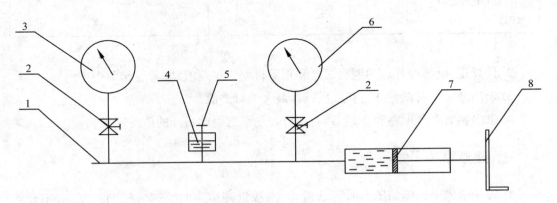

图 3.2-1　压力表校验仪

1-压力校验架;2-阀门;3-标准压力表;4-油杯;5-密封阀门;6-被校压力表;7-压力活塞;8-压力活塞手轮

(2)校准标准表和被校表的零点,把活塞转到最大行程,关闭阀门 5。

（3）正行程的测量：转动活塞手轮产生一定压力，使被校表指向 0.2 MPa，读出标准表的示值，填入表 3.2-1 中，继续转动活塞手轮，重复上述操作，分别读出 0.4、0.6、0.8、…、1.6 MPa（2.5 MPa）各测量点的示值。

（4）反行程的测量：转动手轮使被校表的示值稍大于最大测量点 1.6 MPa（2.5 MPa），再反向转动手轮使被校表分别指向 1.6（2.5）、1.4（2.4）、1.2（2.2）、…、0.4、0.2、0 MPa，读出标准表示值，填入表 3.2-1 中。

（5）重复进行三次测量。

（6）打开阀门 5，把活塞转回原位置。

六、数据处理

1. 按表 3.2-1 内容记录实验数据。

表 3.2-1　正反行程测量实验值

被校表示值（MPa）			0	0.2	0.4	0.6	0.8	1.0	1.2	1.4	1.6	1.8	2.0	2.2	2.4	2.5
标准表	正行程	示值（MPa）														
		绝对误差 Δ（MPa）														
	反行程	示值（MPa）														
		绝对误差 Δ（MPa）														
正反行程绝对差值（MPa）																

2. 计算正、反行程各点的绝对误差和正反行程绝对差值，填入表 3.2-1 中。

3. 求出最大绝对误差 Δ_{max} 和正反行程最大绝对差值。

4. 求出相对百分误差和变差，判断被校表是否达到其所标的精度等级。

七、注意事项

1. 转动活塞手轮施加压力时要缓慢均匀，接近测量点时要减慢转动速度，一定要使被校表指针恰好指向测量点。如在测量过程中不小心越出了测量点（即在正行程测量时高于测量点，反行程测量时低于测量点），则必须重新进行测量。

2. 阀门 5 一定要完全关闭，否则会引起很大的测量误差；但也不可用力过大，以免损坏螺纹。阀门 2 开度要适当，打开后不要再动。

3.由正行程转向反行程测量时,所加压力仅允许稍大于最大量程 1.6 MPa (2.5 MPa),不可过大,以免损坏压力表。

八、思考与讨论

1.在此实验基础上回答:对仪表示值进行校验应如何进行?

2.简述绝对误差、相对误差、精度、变差的定义。

3.本实验中被校表和标准表的精度分别是多少? 如何根据实验数据确定被校表的精度是否符合要求?

4.简述弹簧管压力表的原理。

实验 3.3　电动差压变送器特性

一、实验目的

熟悉差压变送器的结构原理及特性。

二、实验预备知识及预习要求

1.熟悉差压变送器的结构原理。

2.熟悉所用仪器的连接方法,画出接线图,简要写出操作步骤。

3.计算理论上欲使差压变送器的输出分别为(DDZ-Ⅱ)0、2、4、6、8、10 mA,(DDZ-Ⅲ)4、6、8、10、12、14、16、18、20 mA 应施加的压力数值,填入表 3.3-1 中。

三、实验仪器及连接简图

(一)DDZ-Ⅱ差压变送器

DDZ-Ⅱ差压变送器实验装置如图 3.3-1 所示。

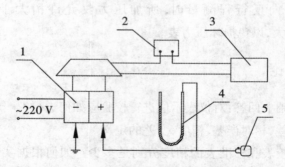

图3.3-1　DDZ-Ⅱ差压变送器实验装置示意图

1-电动差压变送器;2-电阻箱;3-毫安表(0～10 mA);

4-压力表;5-手动气泵

(二)DDZ-Ⅲ差压变送器

DDZ-Ⅲ差压变送器实验装置如图3.3-2所示。

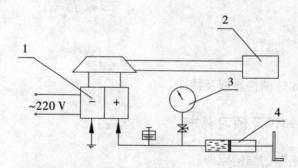

图3.3-2　DDZ-Ⅲ差压变送器实验装置示意图

1-电动差压变送器;2-毫安表(0～20 mA);

3-压力表;4-活塞手轮

四、实验原理

差压变送器特性是指其输出量与输入量之间的关系。理论上差压变送器的输入-输出之间呈线性关系,即当差压由$P_{下}$(量程下限值)变化至$P_{上}$(量程上限值)时,其输出应由I_{omin}(输出电流最小值)变化至I_{omax}(输出电流最大值),二者对应关系为过点($P_{下}$,I_{omin})和点($P_{上}$,I_{omax})的一条直线,称为理论直线;而差压变送器的实际输出量与输入量之间的关系曲线总是与理论直线存在偏差,称为实际校准曲线,如图3.3-3所示。实际校准曲线与理论直线之间的最大偏差Δf_{max}与测量仪器量程之比的百分数叫线性度,也称非线性误差。

$$线性度\ \delta_f = \frac{\Delta f_{max}}{量程} \times 100\%$$

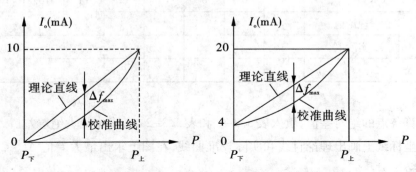

图 3.3-3　DDZ-Ⅱ型/DDZ-Ⅲ型仪表线性度

用手动气泵或活塞手轮产生一定压力同时输入差压变送器的正压室和压力表,变送器负压室通大气,则其输入量(压差)可由压力表读出,输出量由毫安表读出。

五、实验步骤

1. 按图 3.3-1 连接导线,将气泵螺母轻轻旋紧。

2. 按动气泵施加压力,使电流表读数为 0、2、4、6、8、10 mA,记录输入压力数值,填入表 3.3-1 中。

3. 旋转活塞手轮产生一定的压力,使电流表读数为 4、6、8、10、12、14、16、18、20 mA,记录输入压力数值,填入表 3.3-2 中。

4. 重复 3 次。

六、数据处理

1. 按表 3.3-1、表 3.3-2 的内容记录实验数据。

表 3.3-1　DDZ-Ⅱ型差压变送器实验数据

	输出 I_o(mA)	0	2	4	6	8	10
输入量	上液柱高度(　　　)						
	下液柱高度(　　　)						
	压差 ΔP(　　　)						
	理论值(　　　)						
绝对差值 Δf(　　　)							

表 3.3-2 DDZ-Ⅲ型差压变送器实验数据

输出 I_o(mA)		4	6	8	10	12	14	16	18	20
输入 （MPa）	理论值									
	实际值									
绝对差值 Δf( )										

2. 计算各点的绝对差值,填入表 3.3-1 和表 3.3-2 中,求出最大绝对差值 Δf_{max}。

3. 在坐标纸上画出理论直线和实际校准曲线,在图上求出最大差值 Δf_{max},与计算的 Δf_{max} 相比较。

4. 分别计算由数据和图上曲线所得到的线性度。

七、注意事项

1. 气泵螺母应关闭,不然系统漏气,造成所加压力不稳定。但在旋紧气泵螺母时,要轻轻拧紧,不可用力过大,以免损坏螺母。

2. 施加压力时要缓慢均匀,应使差压变送器输入量恰好为测量点数值。

3. 施加压力不可过大,避免损坏差压变送器。

八、思考与讨论

1. 简述差压变送器的工作原理。

2. 计算求得的最大差值 Δf_{max} 与由图上求得的 Δf_{max} 有无差别? 为什么?

实验 3.4 电子电位差计特性

一、实验目的

熟悉电子电位差计的原理、特性、使用及校验方法。

二、实验预备知识及预习要求

1. 熟悉电子电位差计的原理及特性。

2. 熟悉所用仪器的接线方法,画出接线图,简要写出实验步骤。

三、主要仪器及连接简图

电子电位差计特性实验装置如图3.4-1所示。

1. 自动电子电位差计(0.5级,量程0～800℃)。

2. 手动电子电位差计(0.1级),如图3.4-2所示。

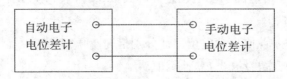

图3.4-1 电子电位差计特性实验装置示意图

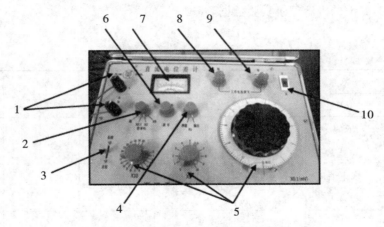

图3.4-2 手动电子电位差计示意图

1-未知测量接线柱;2-倍率开关 K_1;3-电键开关 K_2;

4-测量-输出开关 K_3;5-测量盘;6-调零旋钮;7-检流计;

8,9-粗调-细调旋钮(工作电流调节变阻器);10-电源开关

四、实验原理及步骤

1. 本实验用手动电子电位差计作为标准表和毫伏信号发生器,产生一已知标准电势信号输入自动电子电位差计;自动电子电位差计配接K型热电偶。

2. 按图连接导线,校准手动电位差计:

A. K_3—测量

(1) K_2 "中间", K_1 倍率"断",调零使检测计 I=0

(2) K_2 "标准", K_1 倍率" X_1 ",调"细"使检测计 I=0

B．K_3—输出

K_2"未知"，k_1倍率"X_1"，此时检流计短路，可作标准电动势输出。

3．使手动电位差计测量盘指向零点，观察自动电位差计的示值，填入表 3.4-1 中"室温"处。

4．调节手动电位差计（旋转测量盘），使自动电位差计示值分别为 200 ℃、400 ℃、600 ℃、800 ℃，读出所对应的手动电位差计的读数，填入表 3.4-1 中。

5．重复测三次。

6．调节手动电位差计使自动电位差计分别指向 400 ℃、500 ℃，将手动电位差计电键开关扳向中间位置，观察自动电位差计示值。

五、数据处理

1．按表 3.4-1 的内容记录实验数据。

表 3.4-1　电子电位差计实验数据

自动电位差计示值	℃	室温	200	400	600	800
	mV					
手动电位差计示值	示值（mV）					
	修正值（mV）					
绝对误差 Δ(mV)						

2．查热电偶分度表，将自动电位差计所对应的电势填入表 3.4-1 中。

3．由于自动电位差计本身带有冷端温度自动补偿装置，在用手动电位差计输入毫伏信号时都要少输入一个室温所对应的毫伏数，仪表才能指示在相应的温度数值上，因此必须对手动电位差计的读数进行修正。

修正方法是：修正值=示值+E(室温，0)。将修正值填入表 3.4-1 中。

4．计算绝对误差，填入表 3.4-1 中。

5．求出最大绝对误差，计算相对误差，判断自动电子电位差计的精度。

六、注意事项

1．测量完成后，手动电位差计倍率开关放在"断"位置，电键开关应放在中间位置，以免不必要的电池能量消耗。

2. 如发现检流计灵敏度低,应更换 9 V 电池;如调节 R_P 旋钮而检流计指针不能指零,应更换 1.5 V 电池。

3. 各仪表旋钮、开关的调节应轻柔,避免用力过猛损坏仪表。

七、思考与讨论

1. 试述电子电位差计的工作原理。如用电子电位差计配 S 热电偶测温,量程为 0 ~ 1600 ℃,现量程改为 800 ~ 1600 ℃,已知 $R_P /\!/ R_B = 90\ \Omega$,$I_1 = 4\ mA$,$I_2 = 2\ mA$,$E = 1\ V$,$R_3$、$R_4$、$R_M$、$R_G$ 的阻值是多少?

2. 当输入信号为 0 mV 时,自动电子电位差计示值是多少? 若要使其指示为 0 ℃,则输入信号应为多少?

3. 用自动电子电位差计配热电偶测温,当热电偶短路、断路或电源停电时指针指在什么位置? 为什么?

4. 测量元件与自动电子电位差计之间的线路电阻对测量结果有无影响? 为什么?

实验 3.5　电动温度变送器特性

一、实验目的

熟悉电动温度变送器的原理、特性及使用方法。

二、实验预备知识及预习要求

1. 熟悉电动温度变送器的原理及特性(图 3.5-1)。
2. 熟悉所用仪器的接线方法,画出接线图,简要写出实验步骤。

三、主要仪器及连接简图

电动温度变送器连接简图如图 3.5-1 所示。

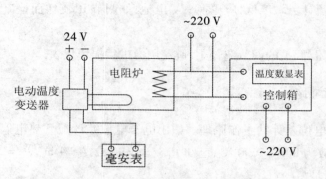

图 3.5-1 电动温度变送器连接简图

四、实验原理

电动温度变送器特性是指其输出量与输入量之间的关系。理论上电动温度变送器的输入、输出之间呈线性关系,即当温度由 $T_{下}$(量程下限值)变化至 $T_{上}$(量程上限值)时,其输出应由 I_{omin}(输出电流最小值)变化至 I_{omax}(输出电流最大值),二者对应关系为过点 $(T_{下},I_{omin})$ 和点 $(T_{上},I_{omax})$ 的一条直线,称为理论直线;而电动温度变送器的实际输出量与输入量之间的关系曲线总是与理论直线存在偏差,称为实际校准曲线。

如图 3.5-2 所示,实际校准曲线与理论直线之间的最大偏差 Δf_{max} 与测量仪器量程之比的百分数叫线性度,也称非线性误差。线性度 $\delta_f = \dfrac{\Delta f_{max}}{量程} \times 100\%$ 。

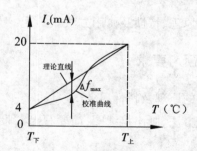

图 3.5-2 电动温度变送器特性曲线示意图

五、实验步骤

1. 按图 3.5-1 连接导线。接通电动温度变送器、控制箱电源,记录电阻炉在室温状态下的温度和对应的毫安输出值。

2. 接通电阻炉电源进行加热,记录电阻炉在不同温度下对应的毫安输出值。

六、数据处理

1. 按表 3.5-1 内容记录实验数据。

表 3.5-1 电动温度变送器实验数据

输入(℃)		室温	75	150	225	300	375	450	525	600
输出 I_o(mA)	理论值									
	实际值									
绝对差值 Δf( )										

输入(℃)		675	750	825	900	975	1050
输出 I_o(mA)	理论值						
	实际值						
绝对差值 Δf( )							

2. 计算各点的绝对差值,填入表 3.5-1 中,求出最大绝对差值 Δf_{max};

3. 在坐标纸上画出理论直线和实际校准曲线,在图 3.5-2 上求出最大差值 Δf_{max},与计算的 Δf_{max} 相比较。

4. 分别计算线性度。

七、注意事项

1. 电阻炉升温不能过高,温度超过 1200 ℃ 就会损坏电动温度变送器。

2. 记录时注意观察,及时记录数据,注意不要碰到电阻炉,以免烫伤。

3. 降温时,电阻炉温度应降至 200 ℃ 以下才能打开炉门降温。

八、思考与讨论

1. 简述电动温度变送器的工作原理。

2. 测量电阻炉温度应采用什么样的测温仪表? 为什么?

3. 测量误差集中在什么地方? 为什么会出现这种现象?

实验 3.6　电动控制器的特性

一、实验目的

熟悉电动控制器的比例、积分、微分及其组合特性。

二、实验预备知识及预习要求

1. 熟悉基本控制规律。
2. 熟悉控制器的工作原理、面板,掌握其基本操作方法。
3. 熟悉所用仪器的接线方式,画出接线图,简要写出实验步骤。

三、主要仪器及连接简图

控制器连接如图 3.6-1 所示。

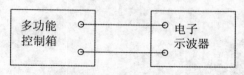

图 3.6-1　控制器连接示意图

四、实验原理

控制器特性是指控制器的输出量与输入量之间的关系。当输入量是一阶跃输入(如图 3.6-2)时,控制器的输出如下:

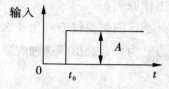

图 3.6-2　阶跃信号输入信号

1. 比例控制器 $P = Kpe = KpA$,如图 3.6-3 所示。

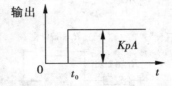

图 3.6-3　比例特性曲线

2. 比例积分控制器 $P = Kp\left(e + \dfrac{1}{T_I}\int edt\right) = KpA + \dfrac{1}{T_I}At$ ，如图 3.6-4 所示。

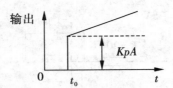

图 3.6-4　比例积分特性曲线

3. 比例微分控制器 $P = Kp\left(e + T_D\dfrac{de}{dt}\right)$ ，如图 3.6-5 所示。

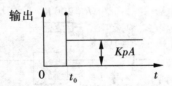

图 3.6-5　比例微分特性曲线

4. 比例积分微分控制器 $P = Kp\left(e + \dfrac{1}{T_I}\int edt + T_D\dfrac{de}{dt}\right)$ ，如图 3.6-6 所示。

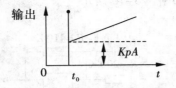

图 3.6-6　比例积分微分特性曲线

五、实验步骤

1. 按图 3.6-1 连接导线,将示波器的 X、Y 两接头接在控制箱面板的接头。X 接头接阶跃输出,Y 接头接电路。

2. 在多功能控制箱面板上,按下 20 V 键;直流稳压电源处于打开状态。

3. 阶跃信号的产生:阶跃信号为 -1 V,需打在负;V——接地;mV——接阶跃输出。

4. 比例特性(P),如图 3.6-7 所示。

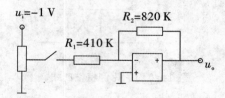

图 3.6-7　比例特性接线图

5. 积分特性(I),如图 3.6-8 所示。

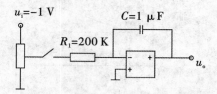

图 3.6-8　积分特性接线图

6. 比例积分特性(PI),如图 3.6-9 所示。

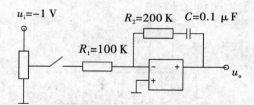

图 3.6-9　比例积分特性接线图

7. 比例微分特性(PD),如图 3.6-10 所示。

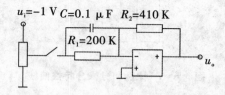

图 3.6-10　比例微分特性接线图

8. 比例积分微分特性(PID),如图 3.6-11 所示。

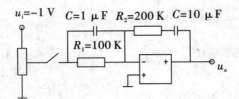

图 3.6-11 比例积分微分特性接线图

六、数据处理

1. 阶跃信号加上一段时间后去除,观察示波器上显示的比例、比例微分特性曲线,并画出示意图。

2. 分别画出当阶跃信号加上一段时间后去除,积分、比例积分和比例积分微分在电容饱和与不饱和时的特性曲线。

七、注意事项

1. 示波器连线上的两小接头应接地。

2. 阶跃信号应接在电路的输入端。

3. 电容容易饱和,在使用时需短接放电。

八、计算与思考

1. 由比例特性曲线如何求放大倍数 Kp?

2. 由比例积分特性曲线如何求积分时间 T_I 及放大倍数 Kp?

3. 由比例微分特性曲线如何求微分时间 T_D 及放大倍数 Kp?

实验 3.7 液位定值控制系统

一、实验目的

1. 熟悉简单控制系统的组成。

2. 掌握控制器参数的整定。

二、实验预备知识及预习要求

1. 熟悉组成简单控制系统的仪表及接线方式,掌握控制方案,画出接线图,简要写出实验步骤。

2. 了解液位变送器的工作原理。

3. 掌握控制器参数整定的方法。

三、控制系统组成示意图

参见实验3.1中图3.1-1,本套装置为对象和现场变送器显示二次仪表一体式结构设计,对象系统由液位水箱、复合加热水箱、仪表控制箱、各类检测装置、两套执行器、一套水路动力系统组成。

水箱由缓冲槽、工作槽、出水槽和溢流管组成,进水时水管中的水先流入缓冲槽,出水时工作槽的水经出水槽流出,这样经过缓冲和线性化的处理,工作槽的液位较为稳定,便于观察。水箱底部连接有扩散硅压力变送器,可对水箱的压力和液位进行检测和变送。

四、实验原理

如图3.7-1(a)(b)所示,本实验选择液位水箱作为被控对象,水箱的液位为系统的被控变量。本实验要求水箱的液位稳定至给定量的2%～5%范围内。本套装置的水箱中有液位传感器作为反馈信号,反馈信号与给定值比较后取得差值,调节器根据偏差来控制变频器的输出频率,以达到控制水箱液位的目的。在液位的定值控制系统中,其参数的整定方法与其他单回路控制系统一样。

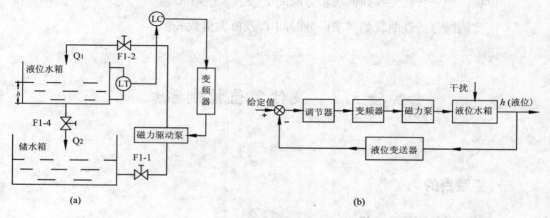

图3.7-1　实验原理图

五、实验步骤

实验之前先将储水箱中贮足水量,然后将阀门 F1-1、F1-2 全开,将液位水箱出水阀门 F1-4 开至适当开度(20%～80%),其余阀门均关闭。

具体实验内容及步骤如下:

1. 将控制屏右侧 RS485 通信线通过 RS485/232 转换器连接到计算机串口 1,并按照图 3.7-2 所示的控制箱接线图连接实验系统。

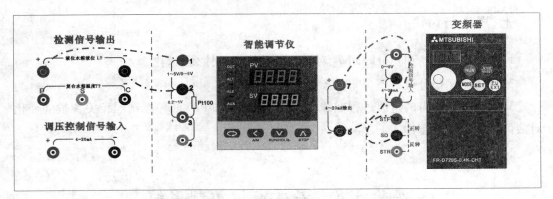

图 3.7-2　液位定值控制系统实验接线图

2. 接通总电源空气开关,打开 24 V 开关电源,给压力变送器上电,旋开智能调节仪和变频器旋钮开关,给智能仪表及变频器上电。

3. 打开上位机 MCGS 组态环境,打开"THKYW-1"工程,然后进入 MCGS 运行环境,在主菜单中点击"实验三、水箱液位定值控制实验",进入"实验三"的监控界面。

4. 在上位机监控界面中将智能仪表设置为"手动",并将设定值和输出值设置为一个合适的值,此操作可通过调节仪表实现。

5. 适当增加/减少智能仪表的输出量,使液位水箱的液位平衡于设定值。

6. 整定调节器参数,选择 PI 控制规律,并按整定后的 PI 参数进行调节器参数设置。

7. 待液位稳定于给定值后,将调节器切换到"自动"控制状态,待液位平衡后,通过以下几种方式加入干扰:

(1)突增(或突减)仪表设定值的大小,使其有一个正(或负)阶跃增量的变化。

(2)将复合水箱进水阀 F1-3 开至适当开度;(改变负载)加入干扰后,水箱的液位便离开原平衡状态,经过一段调节时间后,水箱液位稳定至新的设定值,记录此时的智能仪表的设定值、输出值和仪表参数。

8. 分别适量改变调节仪的 P 及 I 参数,重复步骤 7,用计算机记录不同参数时系统的阶跃响应曲线。

9. 分别用 P、PD、PID 三种控制规律重复步骤 4～8,用计算机记录不同控制规律下系统的阶跃响应曲线。

六、注意事项

1. 所加干扰均要求扰动量为控制量的 5%～15%,干扰过大可能造成水箱中水溢出或系统不稳定。

2. 在控制系统自动控制的过程中,禁止人为干扰。

七、思考与讨论

1. 改变比例度 δ 和积分时间 T_1 对系统的性能产生什么影响?

2. 叙述比例积分调节器(PI)的参数整定步骤。

3. 结合实验测得的过渡过程曲线,分析 P、PI、PD 和 PID 四种控制器相关参数的变化对液位控制系统动态性能的影响。

实验 3.8   温度定值控制系统

一、实验目的

1. 了解单回路温度控制系统的组成与工作原理。

2. 研究 P、PI、PD、PID 四种调节器分别对温度系统的控制作用。

3. 掌握单闭环温度定值控制系统调节器参数的整定方法。

二、实验预备知识及预习要求

1. 熟悉组成简单控制系统的仪表及接线方式,掌握控制方案,画出接线图,简要写出实验步骤。

2. 了解温度变送器的工作原理。

3. 掌握控制器参数整定的方法。

三、控制系统组成示意图

参见实验 3.1 中图 3.1-1,本套装置为对象和现场变送器显示二次仪表一体式结构设计,对象系统由液位水箱、复合加热水箱、仪表控制箱、各类检测装置、两套执行器、一套水路动力系统组成。

(一)复合加热水箱

复合加热水箱由两层水箱结构组成,内层为加热水箱,配备有 500 W 电加热管,尺寸为直径×高 = 100 mm×150 mm。其顶盖上还布有一条进水管路和一个温度传感器 PT100,插入深度垂直居中、水平偏前。加热水箱中设有进水管路,还有溢流保护口,保护顶盖不承受较大压力。整个内层加热水箱悬浮于外层有机玻璃水箱中,加热筒底部由一圈接触面积很小的圆形支架固定在外层有机玻璃水箱内。

外层冷却水箱同样拥有独立的进水管路和溢流保护出水管,可以有效降低内层加热水箱内液体水的温度,其体积较大,外圆尺寸为直径×高 = 200 mm×150 mm。

(二)检测装置

温度检测:复合加热水箱水温采用 PT100 热电阻。

当采集 PT100 热电阻的温度信号时,仪表需要设置参数为:输入规格 $Sn=21$,输入下限显示值 DIL 和输入上限显示值 DIH 均不用设置,仪表会对采集到阻值激励出来的电压信号进行自动运算,得出结果送到测量区进行显示输出,但前提就是 $Sn=21$,以便使仪表转入 PT100 热电阻温度算法程序。采集 Cu50 热电阻信号时和 PT100 热电阻类似,只是将 Sn 设置为 20。

采集热电阻温度信号时,将热电阻输出信号的 E、S、C 三端对应接到仪表的 E、S、C 输入端即可。

四、实验原理

本实验以复合加热水箱作为被控对象,加热水箱的水温为系统的被控制量。本实验要求加热水箱的水温稳定至给定量的 2%~5% 范围内。本套装置的复合加热水箱中有 PT100 温度传感器作为反馈信号,反馈信号与给定值比较后取得差值,调节器根据偏差来控制调压模块的输出电压,以达到控制加热水箱水温的目的。在水温的定值控制系统中,其参数的整定方法与其他单回路控制系统一样,但由于加热过程容量时延较大,所以其控制过渡时间也较长,系统的调节器可选择 PID 控制。

五、实验步骤

1. 实验之前先将储水箱中储足水量,一般接近储水箱容积的 4/5,然后将阀 F1-1、F1-3 全开,其他手动阀门关闭。

2. 将实验装置的通信线经 RS485/232 转换器接至计算机的串口上,本工程初始化使用 COM1 端口通信,并按照图 3.8-1 控制箱接线图连接实验系统。

3. 接通总电源空气开关,打开 24 V 开关电源,给压力变送器上电,旋开智能仪表和加热器旋钮开关,给智能仪表及加热器上电。

4. 智能仪表 I 参数设置: $Sn=21$,$DIP=1$,$oPL=0$,$oPH=100$,$CF=0$,$Addr=1$。

5. 打开"变频器"的旋钮开关,手动控制变频器给复合加热水箱的内胆打满水。

6. 然后进入 MCGS 运行环境,在主菜单中点击"实验四、温度动(静)态定值控制实验",进入"实验四"的监控界面。

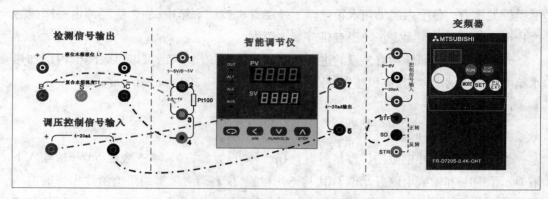

图 3.8-1   温度态定值控制实验接线图

7. 整定调节器参数,选择 PI 控制规律,并按整定后的 PI 参数进行调节器参数设置。

8. 点击实验界面中"设定值"的数值显示框,在弹出的对话框中填写温度设定值,然后点击"比例度""积分时间""微分时间",在弹出的对话框中填写对应的比例度、积分时间和微分时间,在实验界面中点击"自动"按钮,智能调节仪被设置为"自动"状态,仪表内部控制算法启动,对被控参数进行闭环控制。

9. 当水温稳定于给定值的 2% ~5% ,且不再超出这个范围后,通过以下两种方式加入干扰:

(1)突增(或突减)仪表设定值的大小,使其有一个正(或负)阶跃增量的变化(内部扰动)。

(2)手动改变变频器的频率,进而改变冷却水的水量。注意外部扰动加入量应合理,不宜破坏系统的平衡,以免超出控制系统的调节能力范围。

通过内部扰动加入干扰后,复合加热水箱水温便离开原平衡状态,经过一段调节时间后,水温稳定至新的设定值(采用后面一种干扰方法仍稳定在原设定值),记录此时的智能仪表的设定值、输出值和仪表参数,观察上位机曲线变化趋势。

10. 分别适量改变调节仪的 P、I、D 参数,重复步骤 9,用计算机记录不同参数时系统的阶跃响应曲线。

11. 分别用 P、PI、PD 三种控制规律重复上述步骤,用计算机记录不同控制规律下系统的阶跃响应曲线。

六、注意事项

1. 所加干扰均要求扰动量为控制量的 5% ~ 15% ,干扰过大可能造成系统的激烈振荡,甚至不稳定。

2. 在控制系统自动控制的过程中,禁止人为干扰。

七、思考与讨论

1. 如何用实验方法确定温度控制器的相关参数?

2. 结合实验测得的过渡过程曲线,分析 P、PI、PD 和 PID 四种控制器相关参数的变化对温度控制系统动态性能的影响。

3. 根据不同的 P、I、D 参数进行 P、PI、PID 实验,确定最佳温度控制方法及参数。

第4章 化工热力学实验

本章为化学工程与工艺专业和制药工程专业的必修实验,主要面向三年级本科生,配合化工热力学的理论课程教学,独立开设。所涉及的实验紧密结合科研或生产实践,由学生亲自动手,独立进行实验研究。内容涉及热力学基础数据的测定与关联、热力学第一定律和第二定律的应用、溶液热力学性质的测定与预测、相平衡数据的测定、过程热力学分析等。实验类型有综合性和设计性两种。必修实验主要根据化工热力学课程教学大纲并结合生产和科研技术的发展,开设3~4个较高水平的实验,使学生掌握在化工生产、化学生物制药等领域方向的能量转化和合理利用能量;学会化工热力学实验中基础数据的测试方法及测试监控所用的仪器、设备等,并能根据物质基础数据本身的特殊性,确定采用的测试方法、仪器设备等;掌握工程实验工艺流程的设计原则和方法,流程设备的安装及其测试方法;掌握用计算机编程处理热力学实验数据的方法,熟悉使用气相色谱仪进行物性分析的定性、定量方法,了解气相色谱法在物性测定、含量测定等方面的应用;通过制冷循环实验了解过程热力学分析的基本原理。

本章采用课堂讲授与实验操作相结合的方式进行。实验操作由学生在教师指导下独立完成。要求学生实验前进行预习,并提交预习报告;在实验中要掌握仪器、仪表的使用方法,独立完成操作,记录实验数据并独立完成数据处理、实验报告及结果分析,对所得实验结果进行讨论并得出合理的解释与结论。

1. 课程教学目标

(1)学习热力学基础数据的测定方法及理论预测模型的正确选型和验证;学习化工热力学实验中基础数据的测试及监控所用的仪器、设备等,并能根据工质基础数据本身的特殊性,确定采用的测试方法和仪器、设备等。

(2)掌握化学工程与工艺实验工艺流程的设计原则和方法,流程设备的安装及连接,监控指标及其测试方法。

(3)掌握用计算机编程处理热力学实验数据的方法。

(4)掌握使用气相色谱仪进行物性分析的定性、定量方法,熟悉气相色谱在物性测定、含量测定等方面的应用。

(5)通过制冷循环实验了解过程热力学分析的基本原理。

2. 教学基本要求

本章采用课堂讲授与实验操作相结合的方式进行。实验操作由学生在教师指导下独立完成。实验前学生要进行预习并认真听老师讲解,在实验中要掌握仪器、仪表的使用方法,要求学生独立完成操作,记录实验数据并独立完成数据处理、实验报告及结果分析,要求对实验结果进行讨论并得出合理的解释与结论。按每组 4 名学生进行实验分组。

3. 教学内容及要求

实验 4.1　流体临界状态观测及 p-v-T 关系

(1)测定流体的 p-v-T 关系,在 p-v 坐标图中分别绘出低于临界温度、位于临界温度和高于临界温度 3 条等温曲线,并与标准实验曲线及理论计算值相比较,分析差异原因。

(2)测定流体在低于临界温度时饱和温度与饱和压力之间的对应关系。

(3)观察临界状态:①临界状态附近汽-液两相模糊的现象;②汽液整体相变现象;③测定流体的临界温度、临界压力、临界比容等临界参数,并将实验所得的临界比容值与理想气体状态方程和范德华方程的理论值相比较,简述其差异原因。

实验 4.2　蒸汽压缩制冷循环参数测定

(1)通过制冷循环实验了解过程热力学分析的基本原理和原则。

(2)了解当前科研的一些方向,了解一些生产过程新技术在实验中的应用及作用。

(3)学会热力学实验数据的测定和记录,利用所学知识对实验中取得的实验现象进行分析和解释,学会热力学实验报告书写的内容及要求。

实验 4.3　用气相色谱法测定无限稀释溶液的活度系数

(1)了解气相色谱的基本原理,能够正确操作气相色谱仪。

(2)测定混合物各成分的保留值,并计算其无限稀释活度系数。

(3)掌握使用气相色谱仪进行物性分析的定性、定量方法,熟悉气相色谱法在物性测定、含量测定等方面的应用。

实验 4.4　汽液平衡数据的测定及数据处理

(1)测定水-乙醇二元体系在常压下的汽液平衡数据。

(2)了解平衡釜的构造,掌握用循环法测定汽液平衡数据的方法。

(3)应用 Wilson 方程或其他方法关联实验数据。

(4)对自己所测数据的准确性进行热力学一致性校验。

(5)利用计算机编程关联实验数据。

4. 考核及成绩评定方式

成绩评定包括 4 个方面的内容:对实验原理和内容的了解程度,实验记录的完整性,数据处理的正确率,回答问题是否完善等给出成绩。

实验 4.1　流体临界状态观测及 $p-\nu-T$ 关系测定

一、实验目的

1. 了解流体工质临界状态的观测方法,增加对临界状态的感性认识。

2. 加深对课堂所讲授的工质热力学状态、过热蒸气、饱和蒸气、汽液平衡、饱和液体、压缩液体、过冷流体、凝结、气化、饱和状态等基本概念的理解。

3. 掌握流体工质的 $p-\nu-T$ 关系测定方法,学会测定实际气体状态变化规律的方法和技巧。

4. 学会活塞式压力计、恒温器等部分热工仪器的正确使用方法。

二、实验内容

1. 测定流体工质的 $p-\nu-T$ 关系。在 $p-\nu$ 坐标图中绘制出低于临界温度($T=25.0\ ℃$)、位于临界温度和高于临界温度的 3 条等温曲线,与标准实验曲线及理论计算值相比较,并分析差异产生的原因。

2. 观测临界状态现象:

(1)临界状态附近汽-液两相模糊的现象。

(2)汽-液整体相变现象。

(3)测定流体工质的 T_c、p_c、ν_c 等临界参数,并将实验所得的 ν_c 值与理想气体状态方程和范德华方程的理论值相比较,简述其差异原因。

3. 实验装置由压力台、恒温器和试验本体及防护罩组成。

实验装置系统如图 4.1-1、图 4.1-2 所示。

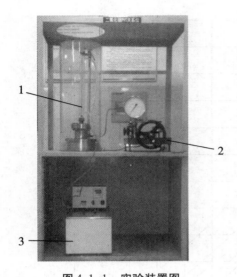

图 4.1-1　实验装置图

1-实验台本体;2-活塞式压力计;3-恒温器

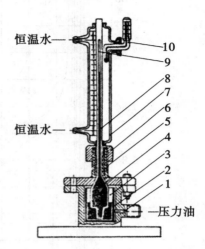

恒温水—

恒温水—

—压力油

图 4.1-2　实验本体截面图

1-高压容器;2-玻璃杯;3-压力油;4-汞;
5-密封填料;6-填料压盖;7-恒温水套;
8-承压玻璃管;9-流体空间;10-温度计

三、实验原理

1. 对于简单可压缩热力系统,当工质处于平衡状态时,其状态参数 p、ν、T 之间有:

$$F(p,\nu,T)=0 \quad 或 \quad T=f(p,\nu) \quad p=f(\nu,T) \tag{4.1-1}$$

本实验根据式(4.1-1),采用定温方法测定流体工质的 p-ν 之间的关系,从而找出流体工质的 p-ν-T 的关系。

2. 实验中由压力台送来的压力油进入高压容器和玻璃杯上半部,迫使水银进入预先封装了流体工质气体的承压玻璃管。流体工质被压缩,其压力和容积通过压力台上活塞的进、退来调节,温度由超级恒温水浴锅套管里的循环水温来调节。

3. 实验流体工质的压力由装在压力台上的压力表读出。温度由插在恒温水套中的温度计读出。比容 ν 首先由承压玻璃管内流体工质柱的高度 h 来度量,而后再根据承压玻璃管内径均匀、截面积不变等条件换算得出。流体工质二氧化碳(CO_2)标准实验曲线,如图 4.1-3;六氯化硫(SF_6)标准实验曲线,如图 4.1-4。

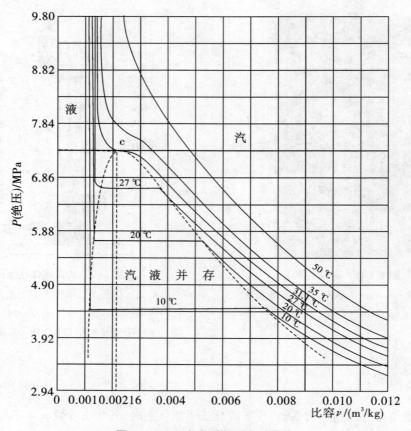

图 4.1-3　二氧化碳标准实验曲线

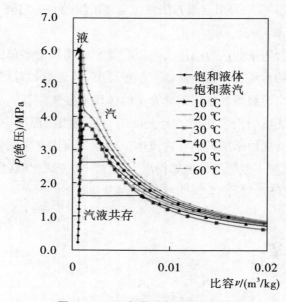

图 4.1-4　六氟化硫标准实验曲线

四、实验准备及预习要求

详细阅读本实验指导书,达到:

(1)熟悉本实验目的及基本原理,掌握质面比常数测定方法(指流体工质 $p-\nu-T$ 测定过程中,需要测量装置中的流体工质质量与内管截面积之比为一常数)。

(2)了解实验的基本操作步骤。

(3)清楚本实验要测定哪些参数。

五、实验步骤

1. 实验过程的注意事项

(1)实验过程中,通过活塞压力计可改变不同的实验压力,改变不同的实验温度,用超级恒温水浴调节温度。

(2)实验中,作各条定温线时:工质为 CO_2 时,要求实验压力 $p<9$ MPa,实验温度 $T\leqslant$ 50 ℃;工质为 SF_6 时,要求实验压力 <6 MPa,实验温度 $\leqslant55$ ℃,控温精度 ±0.05 ℃。

(3)读取水银柱液面高度 h 时要注意,应使视线与水银柱半圆形凸液面的中间平齐,要求估读一位。

(4)实验中,加压及减压过程一定要缓慢均匀。特别是降压过程必须严格操作规程,按照与加压相反的顺序,逐渐将压力降下去,严禁违反规程操作。

2. 承压玻璃管内工质的质面比常数 k 值的测定

由于充进承压玻璃管内的流体工质质量不便测量,而玻璃管内径或截面积(A)又不易测准,因而实验中采用间接办法来确定流体工质的体积 V,以单位质量流体工质的体积即比容 ν 与其高度 Δh 是一种线性关系,具体如下:

流体工质为二氧化碳(CO_2):

(1)已知 CO_2 液体在 20 ℃、10.0 MPa 时的比容:

$$\nu_0(20\text{ ℃、}10.0\text{ MPa})=0.00117\text{m}^3/\text{kg}$$

(2)如前操作,实测出本实验台 CO_2 在 20 ℃、10.0 MPa 时,CO_2 液柱高度 Δh^*(m)(注意玻璃水套上刻度的标示方法)

(3)由(1)可知,$\nu_0(20\text{ ℃、}10.0\text{ MPa})=\Delta h^* A/m=0.00117\text{m}^3/\text{kg}$

故,质面比常数 k_{CO_2}(kg/m^2)为

$$k_{CO_2}=m/A=\Delta h^*/0.00069998 \qquad\qquad (4.1-2)$$

流体工质为六氟化硫(SF_6):

(1)已知 SF_6 液体在 25 ℃、5.0 MPa 时的比容:

$$\nu_0(25\text{ ℃、}5.0\text{ MPa})=0.00069998\text{ m}^3/\text{kg}$$

(2)如前操作,实测出本实验台 SF_6 在 25 ℃、5.0 MPa 时,SF_6 液柱高度 Δh^*（m）

(3)由(1)可知,ν_0(25 ℃、5.0 MPa) $= \Delta h^* A/m = 0.00069998$ m^3/kg

故,质面比常数 k_{SF_6}（kg/m^2）为

$$k_{SF_6} = m/A = \Delta h^*/0.00069998 \tag{4.1-3}$$

式中:$\Delta h = h - h_0$,h—任意温度、压力下水银柱高度,h_0—承压玻璃管内径顶端刻度。

3. 测定低于临界温度 $T = 25$ ℃的等温线

(1)调节超级恒温水浴器温度 $T = 25$ ℃,启动循环水泵和加热管,要求保持恒温 $T = 25$ ℃± 0.05 ℃。

(2)压力记录从 2.0 MPa 开始,当玻璃管内水银升起来后,应足够缓慢地摇进活塞螺杆,以保证定温条件,否则来不及平衡,读数不准。要求读取并记录平衡态数据。

(3)两相区内,水银柱高度每 4 mm 变化,达到平衡后记录一次压力值 p;两相区外,每隔 0.2 MPa 压力变化,达到平衡后记录一次水银柱高度值。

(4)注意观察记录加压后工质的变化,特别是饱和压力与饱和温度的对应关系,液化、汽化等现象,要求将测得的实验数据及观察到的现象一并填入实验原始记录表。

4. 测定临界等温线,观察临界现象

重复 3 的步骤测出临界等温线(CO_2,$T_c = 31.1$ ℃,SF_6,$T_c = 45.5$ ℃),并在该曲线的拐点处找出临界压力 p_c 和临界比容 ν_c,并将数据填入实验原始记录表。

(1)整体相变现象:由于临界点时汽化潜热等于零,饱和汽相线和饱和液相线合于一点,所以这时汽–液相的转变需要一定的时间,表现为一个渐变的过程,不像临界温度以下时逐渐积累的过程;而是当压力稍有变化时,汽、液相以突变的形式相互转化,是整体相变的过程。

(2)汽–液两相模糊不清现象:处于临界点的工质汽、液相具有共同的热力学参数(p、ν、T),因而不能区别此时流体工质是汽态还是液态的。因为此时是处于临界温度下,如果按等温过程使流体工质压缩或膨胀,那么管内是什么也看不到的。

可以试着按绝热过程来进行,首先在临界压力附近突然降压,流体工质状态点由等温线沿绝热线膨胀,液面立即消失了,此时流体工质液体离汽区非常近的,亦即接近汽态的液体;而在膨胀之后,突然压缩流体工质时,管内流体工质出现了明显的液面,说明如果管内的流体工质是气体的话,应是接近液态的气体。既然此时的流体工质既接近气态又接近液态,所以只能处于临界点附近。亦即,临界状态饱和汽、液界面分不清。这就是临界点附近汽液模糊不清的现象。

5. 测定高于临界温度时的等温线,将数据填入实验原始记录表。

6. 实验中原始数据的记录

(1)设备数据的记录(仪器的名称、型号、规格、量程、精度)。

(2)常规数据的记录(室温、大气压、实验环境等)。

（3）实验相关的其他初始数据的记录。

7. 需测定的数据

（1）测定低于临界温度时的定温线（$T = 25.0$ ℃ ±0.05 ℃），并记录下该温度下（p、h）数据，以及饱和点气相线、饱和液相线点数据。

（2）测定临界温度（$T_{CO_2} = 31.1$ ℃ ±0.05 ℃，$T_{SF_6} = 45.5$ ℃ ±0.05 ℃）时的等温线（p、h）数据及临界参数，并观察临界现象。

（3）测定高于临界温度（$T_{CO_2} = 40$ ℃ ±0.05 ℃，$T_{SF_6} = 50$ ℃ ±0.05 ℃）时的等温线（p、h）数据。

六、数据处理及思考题

（一）数据处理及分析

1. 仿照标准实验曲线，在 p-v 图（p 换算成绝对压力）中绘出所测得的 3 条等温线，并在图中标出所测得的几个饱和点。

2. 计算并在 p-v 图上画出等温线。将实验测得的等温线与标准等温线比较，分析其差异及原因。

3. 填表 4.1-1，分析比较临界比容的实验值、标准值及理论计算值之间的差异及原因，并简述实验收获及对实验进行的改进。

表 4.1-1　临界比容 v_c/（m³/kg）

标准值	实验值	$v_c = RT/p_c$	$v_c = 3RT_c/8p_c$
0.002 16			

4. 流体工质 CO_2 和 SF_6 的物性参数见表 4.1-2。

表 4.1-2　流体工质的物性参数

	分子量	沸点/（℃）	临界温度/（℃）	临界压力/（MPa）	临界比容/（m³/kg）	偏心因子
CO_2	44.01	-56.55	31.06	7.382	0.00216	0.225
SF_6	146.05	-51	45.5	3.76	0.001356	0.2151

（二）思考题

1. 实验中为什么要求保持加压和降压过程缓慢进行？

2.若要精确测出流体工质的绝对压力,还应考虑装置中水银柱和油柱的高度。试写出考虑这两个因素后流体工质绝对压力的计算公式,并简要绘出示意图。

七、实验报告内容及格式

1.实验目的

2.实验内容

3.实验装置

4.实验原理(测试试验系统图)

5.实验步骤

6.实验结果与分析(包括实验数据、处理图形、主要关系式和有关程序)

实验4.2 蒸汽压缩制冷循环参数测定

制冷是获得并保持低于环境温度的操作。热力学第二定律指出,热不能自发地由低温物体传向高温物体,要使非自发过程成为可能,必须消耗能量。制冷循环就是消耗外功或热能而实现热由低温传向高温的逆向循环。消耗外功的制冷循环如空气压缩制冷、蒸汽压缩制冷。消耗热能的制冷循环如吸收式制冷、蒸汽喷射制冷。制冷广泛应用于化工生产中的低温反应、结晶分离、气体液化以及生活中的冰箱、空调、冷库等各个方面,目前应用最广泛的是蒸汽压缩制冷和吸收式制冷。

一、实验目的

1.了解制冷装置的主要部件及其功能,加深对制冷循环的感性认识。

2.了解实际制冷循环与理论制冷循环的差异,加深对节流及各循环状态变化的认识。

3.了解在不同的蒸发温度下(冷凝温度不变)制冷系数、制冷量的变化。

4.掌握制冷参数的测定方法,进行制冷循环的热力计算。

5.熟悉提高制冷装置的制冷系数可采用的方法。

二、实验原理

蒸汽压缩制冷循环是采用低沸点物质作为制冷剂,通过制冷剂在等温、等压下液化与汽化的相变过程,来实现等温、等压的放热或吸热过程。

制冷机由压缩机、冷凝器、节流阀和蒸发器组成,制冷循环由下列四个基本过程组成:

(1)压缩过程:制冷剂经过压缩机压缩由低温、低压的饱和蒸汽或过热蒸汽变成高温、高压的过热蒸汽,在压缩机中完成。

(2)冷凝过程:压缩后的过热蒸汽在冷凝器中准等压冷却,冷凝成饱和液体,又进一步冷却成为过冷液体。

(3)节流膨胀过程:冷凝后的制冷剂在节流阀中绝热膨胀,压力、温度同时瞬间降低,并有部分液体气化,膨胀前后焓值相等。

(4)制冷剂蒸发产生冷量过程:两相态的制冷剂在蒸发器中准等压汽化,吸收热量,直至完全变成干饱和蒸汽或过热蒸汽,从而完成制冷循环,再次进入压缩机而进入下一循环。

三、制冷循环

1. 理想制冷循环

如图 4.2-1,理想制冷循环也称逆向 Carnot 循环,由制冷剂的等熵压缩、等温可逆放热、等熵膨胀、等温可逆吸热组成。不考虑在循环过程中的各种不可逆因素,即在压缩机压缩过程不考虑摩擦等不可逆因素,认为压缩过程是可逆的,是等熵压缩;在冷凝过程不考虑冷凝器内部流动阻力损失,认为冷凝过程是等压过程;在膨胀过程可以用膨胀机,若忽略了膨胀机的不可逆因素,膨胀是等熵的;在蒸发过程如果不考虑蒸发器中的压力损失,则整个过程为等压过程。

说明:如图 4.2-2,循环 1- 2- 3- 4 -1 为用膨胀机的制冷循环在 T-S 图上的表示,循环 1-2- 3-4′-1 为用膨胀阀的制冷循环在 T-S 图上的表示。

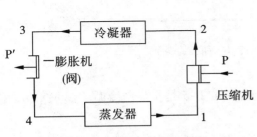

图 4.2-1　理想制冷循环原理

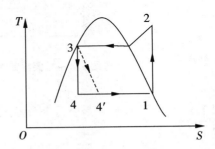

图 4.2-2　理想制冷循环在 T-S 图上的表示

2. 实际循环

与理论循环相比,实际循环情况更复杂一些,需要考虑循环过程中的各种不可逆因素。其中,压缩机中压缩不是等熵压缩,而是增熵压缩,耗功量增大;在冷凝器中,由于考虑到压力损失,从冷凝器进口到出口不是等压过程,而是一个降压过程,在凝结过程中,实际是一个饱和压力和饱和温度不断降低的过程,同时放出热量,由于压损不大,饱和压力和饱和温度降低的幅度不大;在膨胀过程中,由于膨胀机制造困难、造价高、回收能量少,故一般采用节流阀或毛细管代替,其过程是一个典型的不可逆过程,压力、温度降低,熵增加;在蒸发器中,由于有压损存在,从蒸发器进口到出口,蒸发压力一直在降低,实际上其饱和压力和饱和温度也跟着降低,吸收热量而实现制冷,同时连接管道也会产生压力损失,对循环压力也有影响,如图 4.2-3。

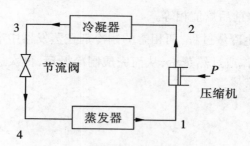

图 4.2-3　实际制冷循环原理

说明:图 4.2-4 中的循环 1-2-3-4-1 为理想制冷循环在 T-S 图上的表示,图 4.2-4 中的循环 1'-2'-3'-4'-1-1' 为实际制冷循环在 T-S 图上的表示,由于是不可逆的循环,用虚线表示符合工程热力学的作图习惯。

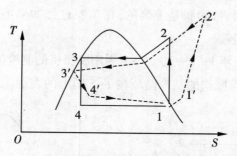

图 4.2-4　实际制冷循环在 T-S 图上的表示

图 4.2-3 和图 4.2-4 是实际制冷循环原理,图 4.2-5 是实际制冷循环在 $\lg p$-H 图上的表示。

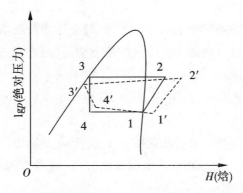

图 4.2-5　制冷循环在 $\lg p\text{-}H$ 图上的表示

图 4.2-5 中,循环 1-2-3-4-1 为理想制冷循环在 $\lg p\text{-}H$ 图上的表示;循环 1′-2′-3′-4′-1′为实际循环在 $\lg p\text{-}H$ 图上的表示,3′-4′是垂线,应标箭头。

3.制冷循环实验装置的流程

实验装置的制冷循环流程如图 4.2-6 所示。

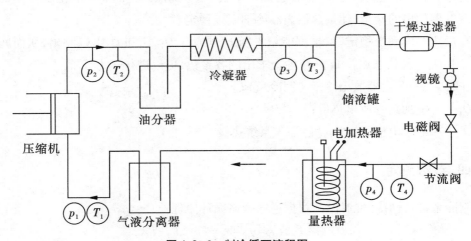

图 4.2-6　制冷循环流程图

实验装置中各部件的作用如下。

(1)压缩机:压缩机是整个制冷系统的心脏,消耗电能来提高制冷剂的压力和温度。

(2)油分器:作用是把冷冻油和制冷剂 R_{404a} 蒸汽分离开来。制冷剂在从压缩机出来时带有一定量的冷冻油,如果冷冻油过多地进入冷凝器,则会在冷凝器内表面形成一层油膜,会阻止制冷剂的散热,不利于制冷剂的冷却。

(3)冷凝器:主要作用是把气态制冷剂变为液态制冷剂,释放出热量。

(4)储液罐:稳定整个系统的流动,及时补充或储存系统中的制冷剂,保证在变工况下流出的是液体制冷剂。

（5）干燥过滤器：去除系统中的杂质及水分，防止冰堵及脏堵。

（6）视镜：通过视镜可以观察出制冷剂的流动情况（液态或气态），判断制冷剂充注量是否合适。

（7）电磁阀：阻止停机后液体进入蒸发器，避免在下次启动时损害压缩机（低温时，防止液击）。

（8）节流阀：在工程上叫热力膨胀阀或电子膨胀阀，是制冷设备的关键部件。其作用是节流，使常温高压的液态制冷剂变为低温低压的汽－液两态的制冷剂，从而使工质的温度低于常温，具备制冷能力。

（9）气液分离器：在正常设计范围内，一般进入压缩机的制冷剂都是气态；由于液体不可压缩，液体进入压缩机后会产生液击，破坏压缩机的阀片及转动机构。为防止变工况时液体进入压缩机，故设立汽液分离器，把气体分离出来后进入压缩机，液体在分离器中经吸热完全汽化后再进入压缩机，保证压缩机的安全。

（10）量热器：量热器内装有蒸发器、电加热管、油泵电机，是一个绝热容器，四周用绝热材料包裹，可以看作与外界绝热（传热量很小）。电加热产生的热量和电机产生的热量抵消蒸发器放出的冷量，使量热器内载冷剂温度稳定。

在量热器内系统稳定时，根据能量平衡 $Q_0 = Q_1 + Q_2$，Q_1 和 Q_2 可以测出，从而间接求出 Q_0，由 Q_0 及各状态点在 $\lg p\text{-}H$ 图上求出的各参数，可以进行热力计算。

注：Q_0——蒸发器放出冷量（制冷量）；

Q_1——电加热管放出热量；

Q_2——油泵电机（搅拌电机）加入系统热量。

四、参数测定

制冷系数及制冷量的计算，根据逆向卡诺循环原理：

$$制冷系数 \ \varepsilon = q_0 / W_S = T_L / (T_H - T_L) \tag{4.2-1}$$

式中：q_0——从低温吸收的热量；

W_S——制冷系统耗功；

T_L——低热源的绝对温度；

T_H——高热源的绝对温度。

由此可知，制冷系数 ε 与 T_L 和 $T_H - T_L$ 有关：当 T_H 一定时，T_L 越高，制冷系数就越大，制冷量就越大，亦即制冷量随低温温度的提高而增大。由此设计一个量热器，如图 4.2-7 所示。

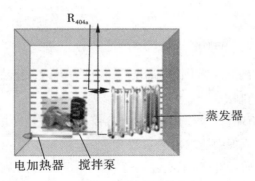

图 4.2-7　量热器结构图

调整发热量 Q_1（调电热器电压），Q_1 和 Q_2 之和越大，蒸发器内温度越高，制冷系数增大，制冷量 Q_0 也增大，在一定范围内达到平衡时，$Q_0 = Q_1 + Q_2$。

降低 $Q_1 + Q_2$，使蒸发器温度降低，制冷系数也降低，Q_0 也降低，组成一个在较低温度下的稳定制冷循环。因此，通过改变不同的加热量，可以得到不同蒸发温度下的制冷循环制冷量及其参数。

五、实验步骤

1. 打开总电源，设备预热 4 h 以上。

2. 打开冷凝水阀门，待水压稳定后（约 5 min）启动量热器中搅拌器（或者载冷剂液泵）。

3. 待液泵稳定运行 5 min 后，启动压缩机，透过视镜观察制冷剂 R404a 在制冷系统中的相变及其流动现象。

4. 观察量热器中温度变化，等温度下降到 -10 ~ -19 ℃（参考值）时，打开电加热开关，调整加热调压器的电压在 70 ~ 200 V，使量热器中的载冷剂被加热，温度开始上升，每隔 5 min 记录一次变化数据，包括 p_1、T_1、p_2、T_2、p_3、T_3、p_4、T_4、量热器温度 T、电加热器电流 I_a、电压 U_a、搅拌泵电流 I_b、电压 U_b、泵功率因数 $\cos\varphi_c$、压缩机的电流、电压及功率因数 $\cos\varphi$ 的数据。等到量热器的温度稳定不变并保持 10 min 以上时，即认为达到第一个循环平衡点；调整加热调压器的电压使量热器温度变化 ±10 ℃ 左右，记录相应的参数变化数据，至量热器温度稳定不变保持在 10 min 以上，即达到第二个循环平衡点；记录装置参数及编号、环境温度和当地大气压等。

5. 观察制冷剂 R404a 流动情况：从视镜可以观察到制冷剂的流动情况，特别是在压缩机启动和停止时更明显。

6 停机：逆开机顺序操作，先关停压缩机开关，5 min 后按下搅拌泵停止按键，10 min 后关闭冷凝水阀门，最后关闭总电源，整理实验仪器及实验台。〔收氟：关闭储液罐上供液阀门，观察 p_4 变化，当 $p_4 \leqslant 0$（表压力）时，关闭压缩机的进口阀门，这样就可以把制冷剂收集在高压部分，以免长期不用时泄露。〕

六、数据处理

1. 由制冷剂 R404a 的 lg p–H 图中，查出蒸发温度为 T_0 时，制冷机的单位制冷量（kJ/kg）。

2. 计算出制冷机的制冷量 Q_0。

3. 计算制冷剂的循环量，求出压机耗功、冷凝器散热量、冷凝器单位热负荷、压机单位耗功、压机内效率及原理中能求出的参数。

4. 求制冷系数、工质过冷度、工质过热度。

5. 改变温度后，重复以上计算，比较计算结果有何不同。

七、数据计算

1. 测求出制冷量

由能量平衡 $Q_0 = Q_1 + Q_2$（其中 $Q_1 = I_a \cdot U_a$，$Q_2 = I_b \cdot U_b \cdot \cos\varphi_b$）：

$$Q_0 = I_a \cdot U_a + I_b \cdot U_b \cdot \cos\varphi_b = q_0 \cdot q_m \qquad (4.2\text{-}2)$$

2. 制冷系数 ε 求取

（1）理想情况

如图 4.2-8 所示，在理想情况下，忽略压损：

$p_2 = p_3 = p'_2$ 压机出口压力

$p_4 = p_1$ 节流后压力

由等压线 p_3（p_2）和等温线 T_3 确定状态 3 点；

从图 4.2-8 的 lg p–H 图上查出 H_3（kJ/kg）；

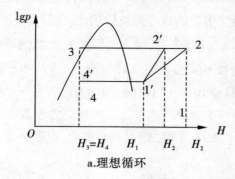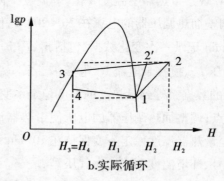

a. 理想循环   b. 实际循环

图 4.2-8　制冷循环 lg p–H 关系

由等焓线 H_3、等压线 P_4 确定状态 4 点，对应 $H_4 = H_3$；

由等压线 p_4（p_1）、等温线 T_1 确定节状态 1 点，从给定的 lg$p$–H 图上查出 H_1，S_1 由等熵线 S_1 交于等压线 p_2 于状态 2′点，对应的焓为 H'_2；

理想情况下，单位制冷量： $q_0 = H_1 - H_4$ kJ/kg $(4.2\text{-}3)$

冷凝器单位热负荷： $Q_k = H_2 - H_3$ kJ/kg $(4.2\text{-}4)$

单位耗功 $\qquad\qquad W_S = H_2 - H_1 \ \mathrm{kJ/kg}$ $\qquad\qquad\qquad$ (4.2-5)

理想情况下,制冷系数 $\qquad \varepsilon = \dfrac{q_0}{W_S} = \dfrac{H_1 - H_4}{H_2{}' - H_1}$ $\qquad\qquad$ (4.2-6)

实际循环情况其循环在 $\lg p$–H 图上表示,如图 4.2-8b:

由于压损存在,故 $p_2 > p_3$,$p_4 > p_1$,实际熵 S > 理想熵 S。

由等压线 p_1 等温线 T_1 在 $\lg p$–H 图上确定 1 点求出 H_1;由等压线 p_2 等温线 T_2 在 $\lg p$–H 图上确定 2 点求出 H_2;

由等压线 P_3 等温线 T_3 在 $\lg p$–H 图上确定 3 点求出 H_3;由等压线 p_4 等焓线 H_3 在 $\lg p$–H 图上确定 4 点求出 H_4。

①循环单位制冷量(kJ/kg):$q_0 = H_1 - H_4$

②循环单位耗功(kJ/kg):$W_S = H_2 - H_1$

③冷凝器单位热负荷(kJ/kg):$Q_K = H_2 - H_3 = H_2 - H_4$

④制冷系数:$\varepsilon = \dfrac{q_0}{W_S} = \dfrac{H_1 - H_4}{H_2 - H_1}$

⑤制冷量(kJ): $\qquad Q_0 = I_a \cdot U_a + I_b \cdot U_b \cdot \cos\varphi_b = q_0 \cdot m$ $\qquad$ (4.2-7)

⑥制冷剂流量(kg/h)

$$m = \frac{Q_0}{q_0} = \frac{Q_1 + Q_2}{q_0} = \frac{I_a \cdot U_a + I_b \cdot U_b \cdot \cos\varphi_b}{H_1 - H_4} \qquad (4.2-8)$$

⑦冷凝器热负荷(kJ) $\qquad\qquad Q_k = m \cdot q_k$ $\qquad\qquad\qquad$ (4.2-9)

⑧ 制冷循环压比 $\dfrac{p_3}{p_4}$,压机压比 $\dfrac{p_2}{p_1}$

⑨ 压缩机内部实际耗功率(kJ) $\qquad p_c = (H_2 - H_1) \cdot m$ $\qquad$ (4.2-10)

⑩ 性能系数 $cop = \varepsilon = \dfrac{Q_0}{p_c'}$ $\qquad$ 其中 $p_c' = p_c$ + 系统其他部件用电功率(风机功率)

八、讨论

1. 根据使用工质和工况不同,可以去掉中间的某些装置。请问该装置中哪几个设备是任何制冷装置不可缺少的?

2. 在实际制冷压缩循环中,为什么 $p_2 > p_3$,$p_4 > p_1$,$T_4 > T_1$?

3. 蒸发温度不同时,为什么会引起制冷系数变化,在能满足制冷温度前提下,是不是制冷温度越低越好? 对家庭用冰箱有什么启示?

要求:

(1)将制冷循环过程数据画在 R_{404a} 压焓图(图 4.2-9)上,标出对应的 p、T、H 值(p 不是等分的),随报告一起交。

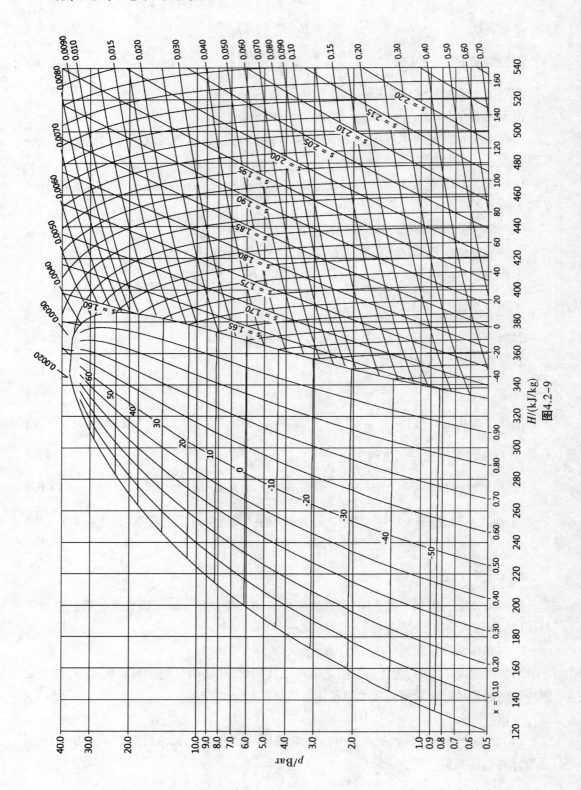

图4.2-9

（2）填写完整的蒸汽压缩制冷循环参数测定实验数据记录表（表4.2-1）。

表 4.2-1　蒸气压缩制冷循环参数测定实验数据记录表

实验日期：　年　月　日　室温：　℃　大气压：　MPa

组别：　　姓名：　　　泵功率因数 φ=　　　装置编号：

序号	蒸发器出口		压缩机出口		冷凝器出口		节流阀后		加热电流	加热电压	搅拌电流	搅拌电压	量热器温度(℃)
	T_1	$p_{1表}$	T_2	$p_{2表}$	T_3	$p_{3表}$	T_4	$p_{4表}$	$I_a(A)$	$U_a(V)$	$I_b(A)$	$U_b(V)$	
1													
2													
3													
4													
5													
6													
7													
8													
9													
10													
11													
12													
13													
14													
15													
16													
17													
18													
19													
20													
21													
22													
23													
24													
25													
26													
27													
28													

（3）注意用电安全，不可用身体触摸运行中的压缩机，以免烫伤！

实验 4.3 用气相色谱法测定无限稀释溶液的活度系数

色谱法分离技术以其高分离效能、高检测性能、分析时间快速而成为现代仪器分析方法中应用最广泛的一种。其分离原理是：使混合物的各组分在两相间进行分配，其中一相是不动的固定相，另一相是携带混合物流过此固定相的流体（称为流动相）。色谱法按流动相的物态不同可分为气相色谱法（流动相为气体）和液相色谱法（流动相为液体），按固定相的物态又可分为气固色谱法（固定相为固体吸附剂）、气液色谱法（固定相为涂在固体上或毛细管壁上的液体）、液固色谱法和液液色谱法等，按固定相使用的形式可分为柱色谱法（固定相装在色谱柱中）、纸色谱法（滤纸为固定相）和薄层色谱法（将吸附剂粉末制成薄层作固定相）等，按分离过程的机制，可分为吸附色谱法（利用吸附剂表面对不同组分的物理吸附性能的差异进行分离）、分配色谱法（利用不同组分在两相中有不同的分配来进行分离）、离子交换色谱法（利用离子交换原理）和排阻色谱法（利用多孔性物质对不同大小分子的排阻作用）等。

一、实验目的

1. 测定溶质的比保留体积及无限稀释下的活度系数。
2. 测定两溶质的相对挥发度。
3. 了解气相色谱法的基本原理，熟悉操作技术。

二、实验的基本原理

气相色谱法是一种物理分离方法，即样品在色谱柱中不发生任何的化学反应，它主要依靠样品中各组分在两个相对移动相中不同分配而使其分离。气相色谱主要依靠固定液对样品中各组分不同的溶解能力而使其分离，其简单流程如图 4.3-1 所示。

三、气相色谱仪组成

气相色谱仪的组成包括六个基本部分：

1. 载气系统：载气携带试样通过色谱柱，在柱内形成压力梯度，压力与压力梯度是试样在柱内运动的动力。载气系统要求提供纯净、稳定、能被计量的载气，一般由气源钢瓶、减压阀和流量计等组成，本实验载气由氢气发生器提供。

2. 进样气化系统：起到引入试样与使试样瞬间气化的作用。

3. 色谱柱：是实现试样色谱分离的场所，由色谱柱管、柱内填充物（担体）等组成。

4. 检测器:对流过色谱柱后已分离的组分进行检测与测量。

5. 记录仪:记录由检测器产生的信号,以便进行试样的定性、定量分析工作。

6. 温控系统:用于控制和测量色谱柱、检测器、气化室温度,是气相色谱仪的重要组成部分。

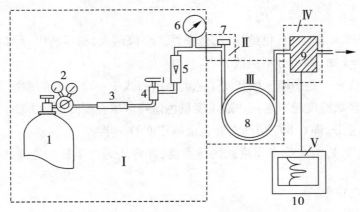

图 4.3-1　气相色谱流程图

1-氢气钢瓶;2-减压阀;3-载气净化干燥器;4-针形阀;5-流量计;

6-压力表;7-进样阀;8-色谱柱;9-检测器;10-记录仪

四、色谱术语

1. 基线——当色谱柱后没有组分进入检测器时,在实验操作条件下,反映检测器系统噪声随时间变化的曲线称为基线。稳定的基线是一条直线。如图 4.3-2 中所示的直线。

2. 基线漂移——基线随时间定向缓慢变化。

3. 基线噪声——由各种因素所引起的基线起伏。

4. 保留值——表示试样中各组分在色谱柱中滞留时间的数值。通常用时间或用将组分带出色谱柱所需载气的体积来表示。在一定的固定相和操作条件下,任何一种物质都有一确定的保留值,故此可用作定性参数。

5. 死时间 t_M——指不被固定相吸附或溶解的气体(如空气、甲烷)从进样开始到柱后出现浓度最大值时所需的时间。显然,死时间正比于色谱柱的空隙体积。

6. 保留时间 t_R——指被测组分从进样开始到柱后出现浓度最大值时所需的时间。

7. 调整保留时间 t_R'——指扣除死时间后的保留时间,即 $t_R' = t_R - t_M$。

8. 死体积 V_M——指色谱柱在填充后固定相颗粒间所留的空隙、色谱仪中管路和连接头间的空间以及检测器的空间的总和,即 $V_M = t_M \cdot F_0$。

9. 保留体积 V_R——指从进样开始到柱后被测组分出现浓度最大值时所通过的载气体积,即 $V_R = t_R \cdot F_0$。

10. 调整保留体积 V_R'——指扣除死体积后的保留体积,即 $V_R' = t_R' \cdot F_0$ 或 $V_R' = V_R -$

V_M。V_R' 与载气流速无关。死体积反映了柱和仪器系统的几何特性,它与被测物的性质无关,故保留体积值中扣除死体积后将更合理地反映被测组分的保留特性。

11. 相对保留值 r_{21}——指某组分 2 的调整保留值与另一组分 1 的调整保留值之比。

$$r_{21} = \frac{t'_{R(2)}}{t'_{R(1)}} = \frac{V_{R(2)}}{V_{R(1)}} \neq \frac{t_{R(2)}}{t_{R(1)}} \neq \frac{V_{R(2)}}{V_{R(1)}} \qquad (4.3-1)$$

r_{21} 亦可用来表示固定相(色谱柱)的选择性。r_{21} 值越大,相邻两组分的 t'_R 相差越大,分离得越好,$r_{21}=1$ 时,两组分不能被分离。

12. 区域宽度——色谱峰区域宽度是色谱流出曲线中一个重要的参数。从色谱分离角度着眼,希望区域宽度越窄越好。通常度量色谱峰区域宽度有三种方法:

(1)标准偏差 σ,即 0.607 倍峰高处色谱峰宽度的一半。

(2)半峰宽度 $Y_{1/2}$,又称半宽度或区域宽度,即峰高为一半处的宽度,它与标准偏差的关系为:

$$Y_{1/2} = 2\sigma\sqrt{2\ln 2} = 2.35\sigma \qquad (4.3-2)$$

(3)峰底宽度 Y,色谱峰两侧的转折点所作切线在基线上的截距,如图 4.3-2 中的 IJ 所示。它与标准偏差的关系为:$Y=4\sigma$。

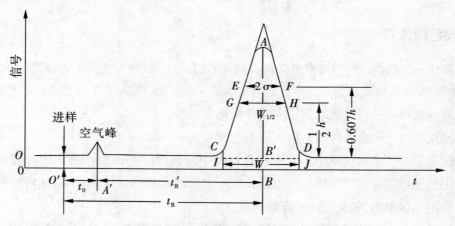

图 4.3-2 色谱流出曲线

五、基本理论及计算公式

对色谱柱做如下的合理假设:

1. 由于样品进样量是非常小的,因此可以假定样品中各组分在固定液中是无限稀释的,并服从亨利定律,分配系数是一常数。

2. 色谱层析温度控制精度可达 ±0.1 ℃,所以可假设色谱柱是等温的。

3. 组分在气相和液相中的量极小,而且在气相和液相中的扩散十分迅速,处于瞬间平衡状态,故可假设柱内任何点均达到气-液平衡。

4. 当色谱仪为常压操作时,气相可按理想气体处理,从而推导出以下理论计算式:

无限稀释活度系数

$$\gamma^{\infty} = \frac{T_0 R}{M_L P_i^s V_g^0}$$ (4.3-3)

式中:R 为气体常数 62.36($L \cdot mmHg \cdot mol^{-1} \cdot K^{-1}$),$M_L$ 为固定液的分子量,P_i^s 为溶质在柱温下的饱和蒸气压(mmHg),V_g^0 为溶质在柱中的比保留体积(mL/g)。

采用查表的方法,或采用 Antoine 方程计算:

$$\text{Log} p_i^s = A - [B/(C+T)]$$ (4.3-4)

式中:A、B、C 为 Antoine 参数。

$$V^0 g = T_0/T_r \times (F_{\infty}(t_R - t_0)/W_L) \times [(p_0 - p_W)/p_0) \times (3(p_i/p_0)^2 - 1)/(2(p_i/p_0)^3 - 1)]$$ (4.3-5)

式中:F_{∞}——用皂沫流量计测定的载气流速,ml/min;

　　　W_L——柱内固定液的质量,g;

　　　t_R——溶质在柱中的保留时间,min;

　　　t_0——死时间,min;

　　　T_r——室温,K;

　　　T_0——273.15 K;

　　　p_1、p_0——分别为色谱柱入口和出口压力,mmHg;

　　　p_w——室温下水的饱和蒸气压,mmHg。

六、实验步骤

1. 系统检漏

将色谱柱装到色谱仪上,打开氢气发生器开关,调至所需要的压力,然后将色谱仪主机尾气出口堵死,转子迅速降至零,为不漏气。若转子下降较慢,则必须用皂液检漏,观察系统中各接头是否有气泡冒出,至所有接头都不漏气才能开机。

2. 数据测定

(1)完成系统检漏后,将尾气接在流量计上,用以测定流量,然后开启色谱仪主机电源开关。待系统自检完成后,按"复位"键,开始设置气化室温度 180 ℃、检测室温度 150 ℃、柱温 110 ℃,此时不得设置热丝温度。

(2)待温度稳定后,开始设置热丝温度 150 ℃(瞬间升温)。启动数据处理工作站,开始记录分析数据,待基线走直后,方可进行样品测定,进样量 0.1 ~ 2 μL,每人进样 3 次。要求 3 次所测的相对保留时间与均值的相对误差不大于 2%。

(3)进样后,用皂沫流速计从尾气出口测定载气流速 3 次,取平均值即可。

(4)实验结束,按与操作步骤相反的顺序进行操作。按"复位"键,先设置热丝温度为 0,再设置气化室温度 50 ℃、检测室温度 50 ℃、柱温 50 ℃,待温度降到 100 ℃以下,先关主机电源,后关载气。将实验数据整理填入表4.3-1中、并经指导教师过目后,方可离开。

七、思考题

(1)无限稀释活度系数的定义是什么?测定该参数有什么用处?

(2)测 γ^∞ 的计算式推导作了哪些合理的假设?

(3)为什么说仪器操作时要先开气、后开电源,反之可能造成什么后果?

八、实验注意事项

1. 在进行色谱实验时,必须严格按照操作规程,开机前先通载气,检漏后再开电源,关机先关电源,后关载气。实验进行中一旦出现载气断绝,应立即关闭主机电源开关,以免池内热导丝烧断。发现有漏气现象时,应立即关闭氢气发生器电源,找出原因,重新检漏。

2. 载气为易燃易爆的氢气,必须保持室内通风,并将尾气引出室外,严禁明火!严禁吸烟!

3. 待测样品为有机试剂,具有一定的挥发性,取用时应轻拿轻放,取用后立即盖紧瓶塞,以减少挥发对室内环境的污染。

4. 微量注射器是精密器件,使用时轻轻缓拉针芯取样,切勿拉出针筒而损坏。进样前应抽取 $2\ \mu L$ 空气,进样时应使微量注射器竖直,针尖对准进样口中心,做到快进快出。进样器温度较高,注意皮肤不得接触进样口,以免烫伤!

5. 气相色谱中常用的 n 种聚合物固定相名称及其特性见表4.3-2。

表4.3-1　用气相色谱法测定无限稀释溶液的活度系数实验记录表

实验日期:　　　　年　月　日　　　　室　温:℃

实验条件:　　　固定液名称:　　　重量:　克　分子量:

进样量:　μL;气化室温度:　　　℃;检测室温度:　　　℃

柱温:　℃　热丝温度:　　℃

序号	大气压 P_0 （MPa）	柱前压 $P_{1绝}$ （MPa）	载气流量 F_∞ （mL/min）	保留时间(min)				
				空气 t_0	溶质1 t_1	溶质2 t_2	溶质3 t_3	溶质4 t_4
1								
2								
3								
4								
5								
6								

表 4.3-2　几种聚合物固定相的商品名称及其特性

商品名	化学组成	密度/(g/ml)	比表面积/(m²/g)	极性	最高使用温度/℃
GDX-1 系列	二乙烯苯,苯乙烯共聚	0.18～0.46	330～630	很弱	270
GDX-2 系列	二乙烯苯,苯乙烯共聚	0.09～0.21	480～800	很弱	270
GDX-301	二乙烯苯,三氯乙烯共聚	0.24	460	弱	250
GDX-4 系列	二乙烯苯,含氮杂环单体共聚	0.17～0.21	280～370	中等	250
GDX-5 系列	二乙烯苯,含氮极性单体共聚	0.33	80	较强	250
GDX-601	含强极性基团聚二烯苯	0.3	80	强	250
TDX-01	碳化聚偏氯乙烯	0.60～0.65	800	无	>500
Chromosorb-104	丙烯腈,二乙烯苯共聚	0.32	100～200	强	250
Chromosorb-105	聚芳族高聚物	0.34	600～700	中等	250
Porapak-P	苯乙烯,二乙烯苯共聚	0.32	120	弱	250
Porapak-Q	乙基乙烯苯,二乙烯苯共聚	——	600～840	很弱	
Porapak-S	苯乙烯,二乙烯苯,极性单体共聚	0.35	470～536	中等	300

固定液的选择并没有严格的规律可循,应依靠操作者的实际经验,并参考有关文献资料来选择,在实际工作中依据"相似相溶"的规律来选择固定液,表 4.3-3 给出几种常用固定液。

表 4.3-3　气相色谱中常用的几种固定液

名称	商品名称	最高使用温度 ℃	可用溶剂	参考用途
角鲨烷	SQ	150	甲苯	气体烃及轻馏分液体烃
硅橡胶	SE-30	300	氯仿	适用于各种高沸点化合物
含苯基的聚甲基硅氧烷	OV-17	300	丙酮、氯仿、二氯甲烷	适用于各种高沸点化合物;和 QF-1 配合使用可以分析含氯农药
三氟丙基甲基硅氧烷	QF-1	250	丙酮、氯仿、二氯甲烷	含卤素化合物、甾类化合物;能从烷烃、环烷烃中分离芳烃和烯烃,从醇分离酮
聚乙二醇-20 M	PEG-20 M	>200	丙酮、氯仿、二氯甲烷	含氧和含氮官能团及氢和氮杂环化合物;对脂肪烃能分离正构和支化烷烃及环烷烃
聚乙二醇丁二酸酯	DEGS	220	丙酮、氯仿、二氯甲烷	脂肪酸酯及其他含氧化合物;分离对、邻和间位苯二甲酸酯,饱和及不饱和脂肪酸
$\beta\beta^{,'}$氧二丙腈	ODPN	70	丙酮、氯仿、二氯甲烷、甲醇	低级含氧化合物、伯胺、仲胺、不饱和烃、环烷烃和芳烃

在选择固定液时,所选择的固定液与样品的化学结构相似,极性相似,则分子之间的作用力就强,选择性就高。在气相色谱手册中可以查到各种固定液的性质,最高使用温度,极性以及可以分离哪种类型的样品。

实验4.4　汽液平衡数据的测定及数据处理

汽液平衡数据是精馏、吸收萃取、结晶等单元操作的基础数据,不能由理论计算直接得到,需要通过实验测定获得。测定方法有两类:一类是间接法–其中有露点法、泡点法和总压法等,这些方法不能直接测定气相组成,而是由 Gribbs–Duhem 方程进行计算出来;另一类是直接法,其中有静态法、流动法和循环法等,直接测定一定压力(或温度)下的汽–液两相组成和温度(或压力)。

本实验用汽液循环平衡釜,采用循环法测定一定压力下的二元物质的汽–液平衡数据。通过对汽液平衡数据的测定,可以为化学工业中的精馏、吸收等过程的工艺设计以及设备计算提供理论依据。准确的汽液平衡数据对建立最佳的工艺条件、节约能耗、降低生产成本具有十分重要的意义,可以对溶液理论研究中建立的各种模型的准确程度进行检验和验证。

一、实验目的

1. 通过对常压下乙醇(1)–水(2)二元体系平衡数据的测定,了解和掌握使用双循环汽液平衡釜测定二元体系汽液平衡数据的方法。

2. 求解活度系数方程式中的参数,并进行汽液平衡数据的关联。

3. 由给定的 Wilson 能量参数,应用 Wilson 方程在计算机上进行编程计算,推算出实验的计算值,并对自己所测得的数据进行验证。

4. 学会检验实验测定汽液平衡数据的可靠性方法。

二、实验原理

本实验采用循环法测定汽液平衡数据。如图 4.4-1 所示,当体系达到平衡时,两个容器内工质的组成不随时间变化,这时从 A 和 B 两个容器内取样分析,即可得到一组汽液平衡数据。

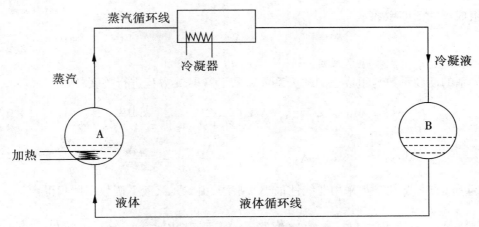

图 4.4-1　循环法原理示意图

根据相平衡原理,当汽液两相达到平衡时,除了各相的温度、压力相等外,任一组分的化学位也相等,即在各相中各组分的逸度必须相等,其热力学基本关系为:

$$\hat{f}_i^V = \hat{f}_i^L \quad (i=1,2,\cdots,N) \tag{4.4-1}$$

汽相:$\hat{f}_i^V = \hat{\phi}_i^v y_i p$ 　　液相:$\hat{f}_i^L = \gamma_i x_i \hat{f}_i^0 = \hat{\phi}_i^L x_i p$

式中:$\hat{f}_i$——混合物中组分 i 的逸度;上标 V 指汽相、L 指液相;

　　$\hat{\phi}_i^L$——组分 i 在液相中的逸度系数;

　　$\hat{\phi}_i^v$——组分 i 在汽相中的逸度系数;

　　$\hat{f}_i^0$——组分 i 在标准状态时的逸度;

　　x_i、y_i——分别为组分 i 在液相、汽相中的摩尔分数;

　　γ_i——组分 i 在液相中的活度系数;

　　p——体系压力(本实验取大气压)。

在常压条件下的汽液平衡数据,汽相可视为是理想气体混合物,即 $\hat{\phi}_i = 1$。如果选取体系温度、压力下的纯组分 i 作为标准态,同时忽略压力对液体逸度的影响,则有:$f_i^0 = p_i^s$,从而得出低压下的汽液平衡关系为:

$$p y_i = \gamma_i p_i^s x_i \tag{4.4-2}$$

式中:p——体系压力(总压);

　　p_i^s——纯组分 i 在体系温度下的饱和蒸气压,其数值可由 Antoine 方程进行计算:

$$\log p_i^s = A_i - \frac{B_i}{T + C_i} \tag{4.4-3}$$

式中:A_i、B_i、C_i 为 i 物质常数,见表 4.4-1。p 的单位是 mmHg,T 的单位是 ℃。

通过实验测得等压条件下的汽液平衡数据,根据汽液平衡方程(4.4-2),即可计算出不同组成下的活度系数 γ_i。

$$\gamma_i = \frac{p y_i}{x_i p_i^s} \tag{4.4-4}$$

体系的活度系数与组成之间的关系可以采用 Wilson 方程进行关联,即

$$\ln\gamma_1 = -\ln(x_1 + \Lambda_{12} x_2) + x_2\left(\frac{\Lambda_{12}}{x_1 + \Lambda_{12} x_2} - \frac{\Lambda_{21}}{x_2 + \Lambda_{21} x_1}\right) \tag{4.4-5}$$

$$\ln\gamma_2 = -\ln(x_2 + \Lambda_{21} x_1) - x_1\left(\frac{\Lambda_{12}}{x_1 + \Lambda_{12} x_2} - \frac{\Lambda_{21}}{x_2 + \Lambda_{21} x_1}\right) \tag{4.4-6}$$

Wilson 方程配偶参数采用非线性最小二乘法,由二元汽液平衡数据回归得:

$$\Lambda_{12} = \frac{V_2}{V_1}\exp[-(g_{12} - g_{11})/RT] \qquad \Lambda_{21} = \frac{V_1}{V_2}\exp[-(g_{21} - g_{22})/RT]$$

式中: V_1、V_2 分别为组分 1、组分 2 的摩尔体积,$V_1 = 58.68$, $V_2 = 18.07$ cm³/mol;
$(g_{12}-g_{11})$、$(g_{21}-g_{22})$ 为能量参数,其值分别为 1645.136、3875.484 J/mol。

三、实验装置

本实验采用改进的 Ellis 平衡釜(选择原则:易于建立平衡、样品用量少、平衡温度测定准确、气相中不夹带液滴、液相不返混、不易爆沸等)。该装置使用范围广,操作简便,平衡时间短,装料量为 45~55 mL,超级恒温水浴槽,温度测量采用十分之一精密温度计测量。气液平衡釜结构见图 4.4-2。

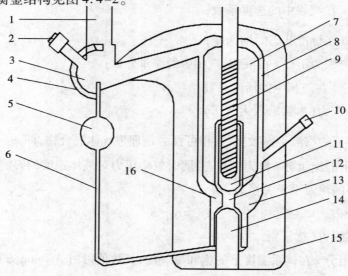

图 4.4-2　汽液平衡釜示意图

1-磨口;2-汽相取样口;3-汽相储液槽;4-连通管;5-缓冲球;6-回流管;
7-平衡室;8-钟罩;9-温度计套管;10-液相取液口;11-液相储液槽;
12-提升管;13-沸腾室;14-加热套管;15-真空套管;16-加料液面

四、实验步骤

1. 打开冷却循环水,从加料口加入 5 mL 乙醇和 40 ~ 50 mL 纯水。

2. 接通电源,调节变压器电压或电流,缓慢加热物料至沸腾。

3. 观察平衡釜中的温度变化,待沸腾 20 min 温度稳定不变时,即达到汽液两相平衡,记录平衡温度,用洁净玻璃注射器分别从汽相和液相的取样口取样约 2.0 mL。

4. 从釜中取出约 5 mL 混合液,再加入乙醇或水约 5 mL,以改变釜内混合液的组成,待达到新的平衡后,测定另一组相平衡温度、压力和汽液组成。此步骤重复操作,进行第三组数据的测定。

5. 将取出的样品用阿贝折光仪测定其折光指数,物性及 Antoine 常数参见表 4.4-1,通过图 4.4-3 n_d^{30} ~ x 标准曲线查得 x_i、y_i 值,填入表 4.4-2 中。

6. 实验结束后,先将变压器电压调零,然后关闭电源,同时切断折光仪及恒温循环水浴器电源,待平衡釜内温度降低后,关闭冷却水,整理好实验室卫生后方可离开。

注意:取样用的玻璃注射器应先检测密闭性,配对使用;液相取样口温度较高,切勿正对,小心避免爆沸烫伤!! 取样后密封保存!

表 4.4-1 物性及 Antoine 常数

名称	分子量	沸点	折光指数 n_D^{30}	摩尔体积
乙醇	46.07	78.30	1.3593	58.68
水	18.02	100.00	1.3325	18.07

	Antoine			适用范围(℃)
	A	B	C	
水	8.07131	1730.630	233.426	1 ~ 100
乙醇	8.1122	1592.864	226.184	20 ~ 93
丙醇	7.8476	1499.21	204.64	12 ~ 120
丁醇	7.4768	1362.39	178.77	15 ~ 131
戊醇	7.1776	1314.56	168.11	37 ~ 138

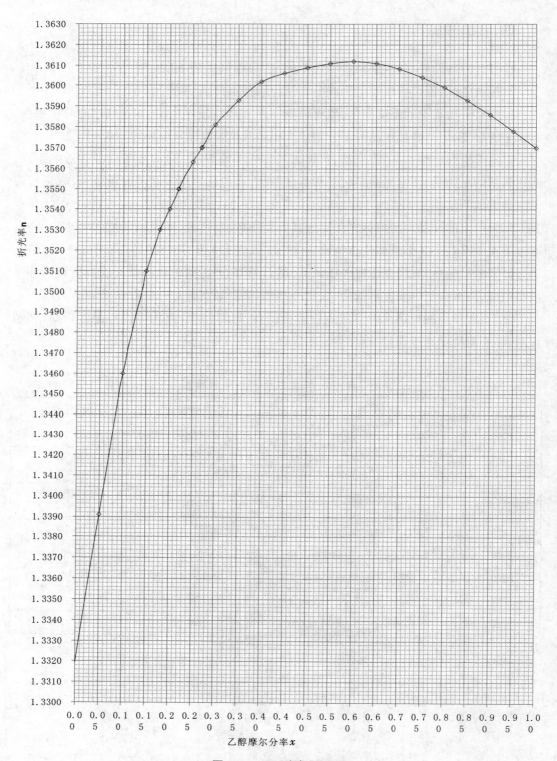

图 4.4-3 乙醇摩尔分率

表 4.4-2　汽-液平衡数据的测定实验记录表

实验时间：　年　月　日　室温：　℃　　大气压：　MPa

组别：　　姓名：　　　装置编号：

条件 时间	加热电流	保温电流	时间	平衡温度	汽相组成		液相组成	
	(A)	(A)	(起-止)	(℃)	n_D^{30}	y_i	n_D^{30}	x_i

五、实验数据处理

1. 根据汽-液平衡方程 $py_i = \gamma_i x_i p_i^s$，计算出不同组成下的活度系数 $\gamma_{实i}$。

2. 由给定的 Wilson 能量参数 $(g_{12}-g_{11})$、$(g_{21}-g_{22})$，应用 Wilson 方程在计算机上进行编程，计算出本实验的计算值 $\gamma_{i计}$，并与实验值进行比较。

具体计算方法是：$(g_{12}-g_{11})$、$(g_{21}-g_{22})$。

(1) 输入 A_i、B_i、C_i、V_i^1、p 及 x_i 等参数，设定平衡温度 T_i。

(2) 由 Antione 方程计算饱和蒸汽压 p_i^s，用 Wilson 方程计算 $\gamma_{i计}$。

(3) 由汽-液平衡方程 $py_i = \gamma_i x_i p_i^s$ 计算与液相组成 x_i 相对应的汽相组成 y_i。

(4) 判断 $\sum_{i=1}^{n} y_i = 1$ 是否成立？如果 $\sum_{i=1}^{n} y_i = 1$，则直接打印 T_i、x_i、y_i；如果 $\sum_{i=1}^{n} y_i \neq 1$，调整 T_i 值后重新计算。

要求：x_i 在 0~1 范围内取值，$N \geqslant 10$。

3. 打印出 T-x-y 曲线图，并将实验测得的数据点标在 T-x-y 图上。

六、讨论

分析产生误差的原因，并提出提高测量精确度的措施。在实验报告中应附上计算程序。

七、思考题

1. 取出的平衡汽液相样品，为什么必须在密闭的容器中冷却后方可用以测定其折射率？

2. 平衡时,汽液两相温度是否应该一样？实际是否一样？对测量有何影响？

3. 如何判断汽-液已达到平衡状态？讨论此溶液蒸馏时的分离情况。

平衡温度的计算方法：

$t_{实际} = t_主 + t_{修正} + t_{校正值}$。

$t_{修正}$:通过精查温度计的修正值得到,见表4.4-3。

表4.4-3 水银温度计显示值及修正值对应表

示值/℃	50	55	60	65	70	75	80	85	90	95	100
修正值	0.01	0.07	0.10	0.12	0.09	0.05	0.08	0.07	0.07	0.09	0.08

$t_{校正值} = \mathrm{kn}(t_主 - t_s)$。

k:水银在玻璃中间的膨胀系数,取0.00016。

n:露出部分的温度系数,取60。

$t_主$:在介质中的温度,℃。

t_s:露出水银柱的平均温度(辅助温度计读数)。

附:阿贝折光仪

折射率是物质的重要物理常数之一。折光仪(图4.4-4)是利用光线测试液体浓度的仪器,用来测定折射率、双折率、光性。

1. 原理

许多纯物质都具有一定的折射率。如果其中含有杂质则折射率将发生变化,出现偏差。杂质越多,偏差越大。

2. 组成

图4.4-4 阿贝折光仪

由高折射率棱镜(铅玻璃或立方氧化锆)、棱镜反射镜、透镜、标尺(内标尺或外标尺)和目镜等组成。

3. 使用方法

(1)仪器的安装：将折光仪置于靠窗的桌子或白炽灯前。用橡皮管将测量棱镜和辅助棱镜上保温夹套的进水口与超级恒温槽串联起来。

(2)加样:松开锁钮,开启辅助棱镜,小量丙酮清洗镜面,干燥后,滴加数滴试样于毛镜面上,闭合辅助棱镜,旋紧锁钮。若试样易挥发,可在两棱镜接近闭合时从加液小槽中加入,闭合两棱镜,锁紧锁钮。

（3）对光：使刻度盘标尺上的示值为最小，视场最亮，准丝最清晰。

（4）粗调：使刻度盘标尺上的示值逐渐增大，视场中出现彩色光带或黑白临界线为止。

（5）消色散：使视场内呈现一个清晰的明暗临界线。

（6）精调：使临界线正好处在⊗形准丝交点上，并使临界线明暗清晰。

（7）读数：打开罩壳上方的小窗，读出标尺上相应的示值。重复测定 3 次，示差≤0.0002，取其平均值。如图 4.4-5 所示。

（8）仪器校正：用已知折光率的标准液体（纯水），按上述方法进行测定，将平均值与标准值比较，其差值即为校正值。在 15～30 ℃之间的温度系数为-0.0001/℃。

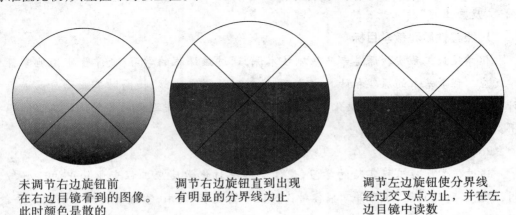

未调节右边旋钮前
在右边目镜看到的图像。
此时颜色是散的

调节右边旋钮直到出现
有明显的分界线为止

调节左边旋钮使分界线
经过交叉点为止，并在左
边目镜中读数

调节过程在测量镜筒看到的图像颜色变化

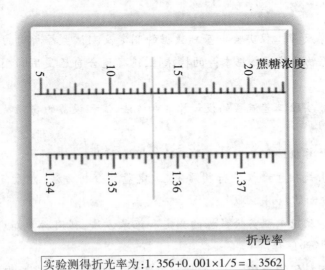

实验测得折光率为：1.356+0.001×1/5＝1.3562

图 4.4-5　折光仪读数调节

第5章　反应工程实验

反应工程实验在化学工程与工艺专业教学计划中占 24 学时，1 学分，是配合专业基础课"反应工程"独立开始的实验课程。

1. 课程性质和教学目标

化学反应工程实验课是专业基础技术课，通过该课程的学习，使学生牢固地掌握化学反应工程最基本的原理和计算方法，并能够理论联系实际，提高对工业反应器进行设计与分析的能力，为今后解决化工生产过程中和科学研究中遇到的各种化学工程问题打下良好的基础。

2. 教学基本要求

通过化学反应工程实验的学习，使学生加深对化学反应工程专业知识的理解与运用，熟悉各种反应器，学习并掌握各种仪器设备的安装、使用，掌握实验数据的测量手段。通过本课程的学习，使学生掌握化学反应工程专业实验的基本技术和操作技能、掌握化学反应工程实验研究的基本方法、培养学生分析和解决问题的能力。

其主要目的如下：

(1)学习化学反应工程实验中基础数据的测定及测试监控所用的仪器、设备的使用方法等，并能根据物质基础数据本身的特殊性，选择适合自己使用的测试方法和仪器、设备等。

(2)掌握工程实验工艺流程的设计原则和方法、流程设备的安装及连接、明确监控指标及其测试方法。

(3)掌握用计算机编程处理动力学实验数据的方法。

(4)掌握使用气相色谱仪进行物质定性、定量的分析方法，熟悉气相色谱在物性测定、含量测定等方面的应用。

(5)学会化学反应工程实验数据的测定和记录方法，利用所学知识对实验中取得的实验现象进行分析和解释。

(6)了解当前科研的一些方向，了解一些生产过程新技术在实验中的应用及作用。

3. 教学内容及要求

实验 5.1　三釜串联连续流动反应器返混与停留时间分布的测定。要求掌握用脉冲法测停留时间分布的方法,掌握停留时间分布的统计特征值的计算方法。

实验 5.2　连续两相流填料塔式反应器中的返混研究。要求掌握用脉冲法测停留时间分布的方法及实验数据处理方法,测定不同气体、液体流速对返混(Pe 或 N)的影响,印证非理想流动的理论。

实验 5.3　乙醇脱水反应动力学参数测定。要求:了解内循环无梯度反应器结构原理;掌握获得反应动力学数据的方法和手段;掌握动力学数据的处理方法,根据动力学方程求出相应的动力学参数值;了解气相色谱的原理和结构,掌握其基本操作方法和色谱图分析方法、数据处理方法。

实验 5.4　固定床催化乙醇脱水反应。要求:熟悉固定床反应器结构原理、操作特点;了解分子筛催化剂,熟悉催化剂的活性温度范围,了解催化剂失活、再生等概念;考察操作条件对产物收率的影响,掌握获得适宜工艺条件的步骤和方法;了解气相色谱的原理和结构,掌握其操作方法和色谱图分析、数据定量处理方法。

实验 5.5　流化床催化乙醇脱水反应(选做)。要求:熟悉流化床反应器结构原理、操作特点;掌握催化剂填装、气密性检验操作等;掌握反应器恒温区的测定方法;了解用分子筛催化剂乙醇气相脱水制备乙烯的反应过程、机理及主要影响因素。考察操作条件对产物收率的影响,掌握获得适宜工艺条件的步骤和方法。了解气相色谱的原理和结构,掌握其基本操作方法和色谱图分析、数据定量处理方法。

实验 5.6　过程仿真实验。具体讲解了以下两种仿真实验。

实验 5.6.1　间歇反应器中生产橡胶硫化促进剂 M 的工业过程仿真。要求:深入了解化工过程控制系统的操作原理,提高对典型化工过程的开车、停车运行能力;掌握调节器的基本操作技能,进而熟悉 PID 参数的在线整定;掌握复杂控制系统的投运和调整技术;提高对复杂化工过程动态运行的分析和决策能力,通过仿真实验训练能够提出最优开车方案;在熟悉开、停车和复杂控制系统的调整基础上,训练识别事故和排除事故的能力;了解间歇反应的操作特点。

实验 5.6.2　两釜串联连续法进行丙烯聚合反应的工业过程仿真实验。要求:进一步了解连续反应的操作特点,了解连续釜式反应器热稳定性在开、停车中的应用。

4. 教学方法

采用引导、启发、讨论、讲授多种方式结合的方法,在实验教学过程中注重激发学生的学习热情和兴趣,使每一个学生动手参与,分工合作。部分实验为科研前期子环节,理论与科研成果的结合,侧重于培养学生的实验操作、数据测量和结果分析等方面技能,以便学生在以后的工作学习中能够举一反三,学以致用,以达到实验教学要求,拓宽学生的认识,提高学生解决工程问题的能力。部分实验为生产过程仿真实验,提高对复杂化工过程动态运行的分析和决策能力,适应现代化工系统计算机优化和控制日益增多的变化。

5. 考核及成绩评定方式

在讲课中检查学生是否预习实验讲义,在实验过程中考察学生的动手能力和解决问题能力。要求学生认真记录和处理数据,完成实验报告并对实验现象进行讨论,进行综合考核和评分。

总成绩中各分项占比:

①实验预习报告(10%):根据预习报告完成的情况酌情给分。

②实验课的考勤(5%):每次实验前点名。

③实验课操作技能(50%):根据操作熟练程度、操作认真程度、有无操作失误、解决问题的能力等方面酌情给定成绩。

④实验纪律、卫生及仪器整理(5%)。

⑤实验报告(30%):要求实验报告书写认真,数据真实无抄袭,格式规范,结论分析合理。

实验 5.1　三釜串联连续流动反应器返混
与停留时间分布的测定

一、实验目的

1. 掌握停留时间分布的测定方法和数据处理方法。
2. 了解停留时间分布与多釜串联模型参数的关系。
3. 了解模型参数 N 的意义和计算方法。

二、基本原理

停留时间分布的表示方法有两种:一种称为分布函数 $F(t)$,另一种称为分布密度 $E(t)$。两者的换算关系是:

$$F(t) = \int_0^t E(t)\,\mathrm{d}t \quad 或 \quad E(t) = \frac{\mathrm{d}F(t)}{\mathrm{d}t}$$

停留时间分布的测定方法有多种,最简单的是反应器达到稳定流动后,在进口处瞬时加入少量示踪(称脉冲示踪信号),其示踪特性可以是颜色、温度、放射性、化学性质等;然后连续测定该脉冲示踪信号在出口处的响应,以及示踪物的浓度随时间的变化,从而就可得停留时间分布密度 $E(t)$ 了。

停留时间分布密度 $E(t)$ 对单个流体微元是一个随机变量,因而可用函数的数字特征进行定量比较。从实验测得示踪物浓度 C 和时间 t 数据后,即可求得平均停留时间 τ 和停留时间分布的离散度(或称方差) σ_t^2。

$$\tau = \int_0^\infty tE(t)\,\mathrm{d}t \tag{5.1-1}$$

或
$$\tau = \frac{\sum tE(t)\Delta t}{\sum E(t)\Delta t} \tag{5.1-2}$$

$$\tau = \frac{\sum tE(t)}{\sum E(t)} \tag{5.1-3}$$

$$\sigma_t^2 = \int_0^\infty (t - \tau)^2 E(t)\,\mathrm{d}t \tag{5.1-4}$$

或
$$\sigma_t^2 = \frac{\sum t^2 E(t)\,\mathrm{d}t}{\sum E(t)\Delta t} - \tau^2 \tag{5.1-5}$$

如取相同的时间间隔,则

$$\sigma_t^2 = \frac{\sum t^2 E(t)}{\sum E(t)} - \tau^2 \tag{5.1-6}$$

在计算平均停留时间 τ 和方差 σ_t^2 时可用示踪物浓度代替停留时间分布密度 $E(t)$。如果测定值(如消光度和电导等)与示踪物浓度呈线性关系,则可将测定值直接代替停留时间分布密度 $E(t)$。在实用中,又常常把自变量 t 用无因次对比时间 θ 表示,即

$$\theta = t/\tau \tag{5.1-7}$$

自变量时间标度这一改变,使得数字特征具有更清晰的意义。这时平均停留时间 $\bar{\theta} = 1$,方差 $\sigma^2 = \sigma_t^2 / \tau^2$,其数值在 $0 \sim 1$ 之间,数学表达式为:

$$\sigma_t^2 = \frac{\sum \theta^2 E(\theta)}{\sum E(\theta)} - 1 \tag{5.1-8}$$

本实验采用 CSTR 反应器来研究返混与停留时间分布的关系,对于 CSTR,可以用多级全混流模型来描述设备的返混,再对测定结果进行验证。

所谓多级全混流模型是将一个实际设备中的返混看作与若干级全混釜串联时的返混程度等效。图 5.1-1 所示为多级混合模型,它以每级内为全混流,级间无返混,各级存液量相同的假定为前提,其 F 曲线可通过物料衡算而导得。

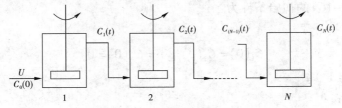

图 5.1-1　多级混合模型

图中 U 为物料流速,L/min;$C_1(t)$ 为第 1 个反应器中 t 时刻的物

料浓度,mol/L;$C_N(t)$ 为第 N 个反应器中 t 时刻的物料浓度;mol/L。

先考虑较简单的二级串联情况,从物料 A 切换为示踪物 B 的瞬间算起,对示踪物料 B 做物料衡算。在某一 dt 时间内,进入第二级的量为 $UC_1(t)dt$,离开第二级的量为 $UC_2(t)dt$,在第二级中量积累为 $VdC_2(t)$,物料衡算得:

$$C_1(t) - C_2(t) = \frac{VdC_2(t)}{Udt} \tag{5.1-9}$$

初始条件为:

$t=0$,第一级进口处浓度为

$$C_0(0) = 1 \tag{5.1-10}$$

$t=0$,第二级出口处浓度为:

$$C_2(t) = 0 \tag{5.1-11}$$

由式(5.1-9)变化得:

$$\frac{dC_2(t)}{dt} + \frac{U}{V}C_2(t) = \frac{U}{V}C_1(t) \tag{5.1-12}$$

因为

$$C_1(t) = F(t) = 1 - e^{-t/\tau_s} \tag{5.1-13}$$

此处 τ_s 是对单个釜而言的平均停留时间,即 $\tau_s = V/U$,故式(5.1-12)变化为:

$$\frac{dC_2(t)}{dt} + \frac{1}{\tau_s}C_2(t) = \frac{1}{\tau_s}(1 - e^{-t/\tau_s}) \tag{5.1-14}$$

式(5.1-14)为一阶线性微分方程,解之可得:

$$C_2(t) = F(t) = 1 - e^{-t/\tau_s}(1 + t/\tau_s) \tag{5.1-15}$$

同理推广到 N 釜,各釜对示踪物料 B 做物料衡算,可得:

$$\left. \begin{aligned} C_0 &= C_1 + \tau_s \frac{dC_1}{dt} \\ C_1 &= C_2 + \tau_s \frac{dC_2}{dt} \\ &\cdots\cdots \\ C_{N-1} &= C_N + \tau_s \frac{dC_N}{dt} \end{aligned} \right\} \tag{5.1-16}$$

方程组(5.1-16)的初始条件为:

$t=0$,

$$C_1(0) = C_2(0) = \cdots = C_N(0) = 0 \tag{5.1-17}$$

$t=0, C_0(0) = 1$

解此方程组可得:

$C_1(t) = C_1/C_0 = 1 - e^{-t/\tau_s}$

$C_2(t) = C_2/C_0 = 1 - e^{-t/\tau_s}(1 + t/\tau_s)$

......

$$\therefore \quad F(t) = \frac{C_N}{C_0} = 1 - e^{-t/\tau_s}\left[1 + \frac{1}{\tau_s} + \frac{1}{2!}\left(\frac{t}{\tau_s}\right)^2 + \frac{1}{3!}\left(\frac{t}{\tau_s}\right)^2 + \cdots + \frac{N}{(N-1)!}\left(\frac{t}{\tau_s}\right)^{N-1}\right] \quad (5.1-18)$$

$$E(t) = \frac{dF(t)}{dt} = \frac{N^N}{(N-1)!\,\tau}\left(\frac{t}{\tau}\right)^{N-1} e^{-Nt/\tau} \quad (5.1-19)$$

其中 $\tau = N\tau_s$，代表整个系统的平均停留时间。上式换算为无因次时标则为：

$$E(\theta) = \frac{N^N}{(N-1)!}\theta^{N-1} e^{-N\theta} \quad (5.1-20)$$

将 $E(\theta)$ 对 θ 作图，可得如图 5.1-2 所示形状，可见 N 愈大，峰形愈窄，当釜数 N 趋于无限大时，则接近平推流的情况。随机变量 θ 的方差 σ^2 可由下式求得：

$$\sigma^2 = \frac{\int_0^\infty (\theta-1)^2 f(\theta)\,d\theta}{\int_0^\infty f(\theta)\,d\theta} = \int_0^\infty \left[\theta^2 f(\theta)\,d\theta\right] - 1 = \int_0^\infty \frac{\theta^2 N^N \theta^{N-1}}{(N-1)!}e - N\theta d\theta - 1 = \frac{1}{N}$$

$$(5.1-21)$$

由式 (5.1-21) 可知随机变量分布与平均值的离散程度和级数的关系，当 $N \to \infty$，$\sigma^2 \to 0$。

实际上结构分级的设备，其结构上所分的级数 N' 不一定与测定的 N 相同。此处 N 为模型参数，它仅代表相当于 N 个全混釜内返混的程度。

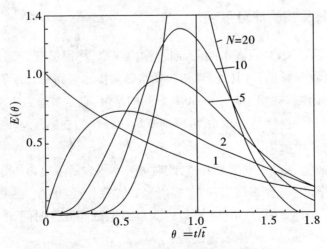

图 5.1-2 多釜串联的停留时间分布曲线

三、实验装置及流程

搅拌反应釜由三个容积为 1 L 的搅拌反应器串联，搅拌转速用可控硅直流调速装置调速,如图 5.1-3 所示。

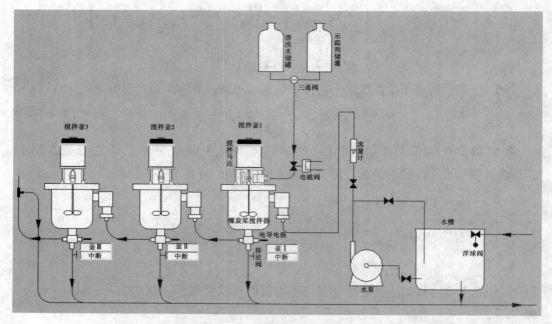

图 5.1-3   三釜串联连续流动反应口返混与停留时间分布测定设备简图

四、实验步骤及实验注意事项

(1)打开总电源开关,开启入水阀门,向水槽内注水,将回流阀开到最大,启动水泵,慢慢打开进水转子流量计的阀门(注意:初次通水必须排净管路中的所有气泡,特别是死角处)。调节水流量维持在每小时 20~30 L 之间的某值,直至各釜充满水,当釜内液体没过搅拌桨叶时即可打开搅拌马达开关,后再调节马达转速的旋钮,使三釜搅拌速度一致,并能正常地从最后一级流出。

(2)开启电磁阀开关和电导仪总开关,此时电导率仪显示数值为电导率值。

(3)开启计算机电源,在桌面上双击"多釜串联实验装置"图标,在主画面上按下"实时采集"按钮,调好坐标数值,点击"开始实验",调节电磁阀开合时间,一般为 3~5 s,输入操作员编号,点击"确定",开始采集数据。

(4)待测试结束,按下"结束实验"按钮后,按下"保存数据"按钮保存数据文件。

(5)实验完毕,冲洗电磁阀(将实验柜上三通阀转至"清洗水"位置,将程序中"阀开时间"调到 20 s 左右,按"开始"按钮,冲洗电磁阀及管路。反复三四次),否则 KCl 会在电磁阀管路内结晶造成堵塞。

(6)关闭各水阀门、电源开关,打开多釜底反应器底部排水阀,将水排空,清理实验场地。

五、数据记录与处理

1. 原始数据记录。

2. 数据处理：求出数学期望及方差,求取流动模型参数 N。

3. 分析讨论实验结果、实验误差情况等。

六、预习思考题

1. 什么是返混？返混的起因是什么？返混造成的结果又是什么？如何强化返混？如何削弱返混？

2. 为什么说返混与停留时间分布不是一一对应的？试举例。既然返混与停留时间分布不是一一对应的关系,为什么我们又可以通过测停留时间分布来研究返混呢？

3. 测停留时间分布的实验测定方法有哪几种？本实验采用哪种方法？

4. 何谓示踪物？对示踪剂有哪些要求？在反应器入口处注入示踪剂时应注意什么？

5. 本实验过程中,进水流量应如何调节？

七、药品危险性及废液处理

本实验用到试剂 KCl,该品不属于危险品范畴。

侵入途径:无。

健康危害:食用过多容易导致心脏负担过重。

环保危害:无 。

燃爆危害:不易燃,不易爆。

皮肤接触:皮肤接触后用清水清洗干净即可。

食入:如食用过量,应当多喝水,或者采取其他措施。

废液处理:KCl 无环保危害,直接排放。

八、主要符号说明

$E(t)$:停留时间分布密度函数;

$F(t)$:停留时间分布函数;

t:时间,min;

τ:平均停留时间,min;

σ_t^2:方差,min^2;

θ:无因次对比时间;

C_0：反应器的物料进口浓度，mol/L；

$C_1(t)$：第一个反应器中 t 时刻的物料浓度，mol/L；

……

$C_N(t)$：第 N 个反应器中 t 时刻的物料浓度，mol/L；

U：物料流速，L/min；

V：反应器容积，L；

τ_s：单个反应釜的平均停留时间，min；

N：模型参数。

实验 5.2　连续两相流填料塔式反应器中的返混研究

一、实验目的

两相流填料塔式反应器是工业生产中常常使用的一类反应器，最典型的应用是气液反应。为了控制反应的合适浓度、温度，从而达到需要的转化率和收率，不但需使物料在反应器内有足够的停留时间，而且要具有一定的返混程度，因此通过实验来测定这种反应器内的返混状况，具有现实意义。该装置适用于研究流体在填料塔中的实际流动状况，测定流体的轴向液体返混程度，并据此对反应器进行设计和分析。

本实验通过用两相流填料塔式反应器来研究不同气液流量情况下的返混度。掌握用脉冲法测停留时间分布的方法。改变不同的流量观察分析两相流填料塔式反应器中的流动特征，通过理论推导流量比与密度函数之间关系式并计算，为这类反应器的设计提供基础。

二、基本原理

在实际连续操作的反应器内，由于各种原因，反应器内的流体偏离理想流动而造成了不同程度的逆向混合（称为返混）。通常利用停留时间分布的测定方法来研究反应器内的返混程度，但这两者不是一一对应关系，即相同的停留时间分布可以由不同的流动情况而造成，因此不能把停留时间分布直接用于描述反应器内的流动状况，而必须借助于较切实际的流动模型，然后由停留时间分布的测定求取数学期望，方差，最后求取模型中的参数。

停留时间分布的表示方法有两种。

一种称为分布函数 $F(t)$，其定义是：

$$F(t) = \int_0^t E(t)\,\mathrm{d}t$$

即流过系统的物料停留时间小于 t 的(或停留时间介于 $1 \sim t$ 之间的)物料的百分率。

另一种称为分布密度 $E(t)$。其定义为：同时进入的 N 个流体粒子中，其中停留时间介于 t 和 $t+\mathrm{d}t$ 间的流体粒子所占的分率 $\mathrm{d}N/N$ 为 $E(t)\,\mathrm{d}t$。

$E(t)$ 和 $F(t)$ 之间的关系：

$$\frac{\mathrm{d}F(t)}{\mathrm{d}t} = E(t)$$

停留时间的测定方法是多种多样的，其中脉冲法最为简单。所谓脉冲法，即当被测定的系统达到稳态后，在系统入口处瞬时注入一定量的示踪剂，同时开始在出口流体中检测示踪物料的浓度变化。本实验用电导仪来检测示踪物浓度的变化，因浓度与电导成正比关系，示踪剂为强电解质。利用停留时间分布 $E(t)$ 与时间的关系，可求得平均时间 τ 和停留时间分布的离散度 σ_t^2。

$$\tau = \frac{\sum t E(t)}{\sum E(t)}$$

$$\sigma_t^2 = \frac{\sum t^2 E(t)}{\sum E(t)} - \tau^2$$

取相同的间隔时间。

以水和空气为操作介质，空气自下而上，水自上而下，在填料层内逆流接触，用脉冲示踪法，联机测定塔出口示踪剂浓度 $C(t)$ 随时间 t 的变化曲线，并由计算机实时数据采集、存储、屏幕绘图显示，经数据处理后，获得模型参数彼克列数(Pe)，并可打印曲线、数据及结果。塔体用有机玻璃制成，具有透明可视的优点。离心泵采用变频器实现无级调速，更具特色。

三、实验装置及流程

实验装置及流程见图 5.2-1。

本实验由一根 Φ115 mm、长 1500 mm 的玻璃管，内装网状填料组成填料塔式反应器，通过一个空气风机，调节气体流量计(0~250 L/h)，并同时通过调节液体流量计，以完成不同气液体流量情况下的实验。

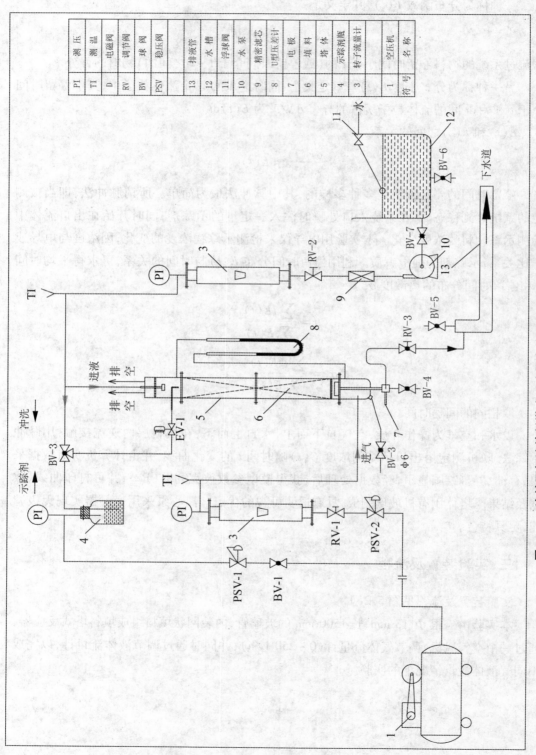

符号	名称
PI	测压
TI	测温
D	电磁阀
RV	调节阀
BV	球阀
PSV	稳压阀
13	排液管
12	水槽
11	浮球阀
10	水泵
9	精密滤芯
8	U型压差计
7	电极
6	填料
5	塔体
4	示踪剂瓶
3	转子流量计
1	空压机

图5.2-1 连续两相流料填塔式反应器中的返混研究实验装置及流程

四、实验步骤及内容

1. 实验准备

（1）仪表柜接通电源。按面板上总电源开关，再分别按下电导率仪、变频器、空压机、测温表的开关，使各仪表接通电源并有显示。

（2）用塑料管将自来水与排水管出口连接牢固，并打开进水阀门，将塔下端排水管截止阀拧紧，关闭储水槽放空阀。

（3）将空压机排气口与装置进气口连接牢固。

（4）加装示踪剂。将预先配制好的饱和 KCl 溶液加入示踪剂罐内，并压紧上盖。

（5）开启电磁阀开关和电导仪总开关，长按"<"键进入设置界面，观察电导率仪所对应电极的电导率常数，将对应的电导率仪常数设置与电极相同，然后设置密码为 33，再设置电导率仪的温度为室温，此时电导率仪显示数值为电导率值，调整完毕，备用。

（6）将计算机与装置连接好，启动计算机，运行软件，显示操作界面。

（7）启动空压机。将空压机接通设备上的电源（220 V，50 Hz），空压机开始运转，调节阀门，使空气转子流量计流量处于 3 m^3/h 左右。

（8）启动水泵。按变频器的"RUN"键，启动水泵，调节阀门，使转子流量计流量处于约 400 L/h，使填料表面充分润湿。

（9）示踪计管内充压。打开空气过滤减压器下面的阀门，调节稳压阀（向下视，顺时针旋转为增压，反之则为减压），使示踪剂罐内压力为 0.02 MPa。注意压力不得超过 0.05 MPa。

2. 实验操作

（1）操作条件：气相流量在 2～5 m^3/h，液相流量在 200～500 L/h，在上述流量范围内任选五组不完全相同的气相与液相流量。

（2）具体操作

A. 固定气体流量，调节阀门使浮子处于设定位置。

B. 调节水流量，调节阀门使浮子处于设定位置，稳定运转 5 min。

C. 注入示踪剂。于软件实时采集界面中，调节阀开时间为 0.5～1 s（需经实验确定），按"开始实验"按钮。此时，电导率仪显示将发生变化，同时计算机屏幕上将随塔出口处 KCl 浓度变化而画出一条浓度随时间变化的曲线。

D. 采集数据。时间一般不短于 3 min，到达预定时间，按"停止实验"按钮结束，并按"保存"按钮保存数据。此次取样完毕。

E. 数据处理。于软件历史记录界面中，打开相应文件，确定边界后，即可得出 Pe 值，并可打印曲线、数据或结果。

按 A～E 的步骤进行其他条件实验。如果时间允许，每组数据可重复一次。在装置允许的范围内,还可以设计其他条件的实验。

3. 停车

(1)冲洗电磁阀。目的为保护电磁阀正常工作。方法:关闭示踪剂截止阀,打开清洗阀,调节阀开时间为 1 min,按"开始实验"按钮。

(2)结束实验。先停水泵,按变频器的"STOP"键;后停空气,断开空压机的电源即可。

(3)退出软件,关闭计算机。

(4)关闭电源。面板上先关各分电源开关,再关总电源开关。

(5)关闭水源。

五、撰写实验报告

1. 实验内容及测试方法。

2. 在不同液体流量和气体流量下,根据电导仪测得的浓度与时间的变化曲线求出数学期望及方差;求取流动模型参数。

3. 对五组数据进行处理,处理结果列入实验报告并绘图,以其中一组为例进行计算(要求有过程)。

4. 与所学的工艺知识结合,讨论生产过程中气体流量和液体流量变化时可能出现的情况,并作为设计的基础。

六、预习要求

1. 举例说明实际工业应用的填料塔式反应器。

2. 何谓返混? 为什么要研究填料塔式反应器中的返混? 它与实际设计中的关系是什么?

3. 停留时间分布的测试方法。

4. 采用脉冲示踪法应注意哪些事项?

七、主要符号说明

$F(t)$——停留时间分布函数;

$E(t)$——停留时间分布密度函数;

t——时间,h 或 s;

τ——平均停留时间;

σ^2——方差;

β——循环比。

实验 5.3　乙醇脱水反应动力学参数测定

一、实验目的

1. 了解乙醇气相脱水制备乙烯的反应过程、机理及主要影响因素。掌握乙醇气相脱水操作条件对产物收率的影响，掌握获得适宜工艺条件的步骤和方法。

2. 了解内循环无梯度反应器结构原理，巩固有关动力学知识，掌握获得反应动力学数据的方法和手段，掌握动力学数据的处理方法，根据动力学方程求出相应的动力学参数值（速率常数 k、表观活化能 E_a、指前因子 A）。

3. 了解气相色谱的原理和结构，掌握其基本操作方法和色谱图分析方法。

二、实验原理

乙醇脱水是有机化学中的重要反应，乙醇发生分子内脱水生成乙烯，两分子乙醇进行分子间脱水则生成乙醚，两种反应存在竞争关系。高温有利于生成乙烯，是单分子消除反应；而相对的低温有利于生成乙醚，这是一个亲核取代反应。例如，采用 98% 浓硫酸为催化剂时，在 170 ℃ 主要生成乙烯，而在 140 ℃ 主要生成乙醚；采用氧化铝为催化剂时，在 360 ℃ 主要生成乙烯，而在 240~260 ℃ 主要生成乙醚。

$$C_2H_5OH \longrightarrow C_2H_4 + H_2O \tag{5.3-1}$$

$$2C_2H_5OH \longrightarrow C_2H_5OC_2H_5 + H_2O \tag{5.3-2}$$

最早工业上采用浓硫酸催化脱水，但会对设备产生腐蚀，反应产生的废酸也需要进行处理，这促进了固体酸催化剂的研发。本实验中采用分子筛在固定床中进行乙醇脱水反应。反应生成的乙醚和水，以及未反应的乙醇被冷凝，而乙烯进入尾气湿式流量计后排空。

对于不同反应温度，通过计算得到转化率和反应速率，可以得到相应反应温度的反应速率常数。

三、实验装置及流程

采用磁驱动内循环无梯度反应器，实验流程如图 5.3-1，反应器见图 5.3-2。

四、实验试剂及材料

试剂：无水乙醇，分析纯；分子筛催化剂，10 mL(5.88 g)。

仪器及实验用具:乙醇脱氢反应装置 1 套,无脉动平流计量泵 1 台;氢气钢瓶(含减压阀)1 个;气相色谱仪 1 台;500 mL 烧杯 2 只;塑料注射器 50 mL 1 个。

五、操作步骤

1.反应装置加热开启

先打开绿色按钮的系统总开关,将控制面板上"预热控温"、"反应控温"、"保温控温"、"阀箱控温"、"测温"、"调速"等六个红色按钮按下,此时各个仪表有数值显示。

对于"保温控温"和"阀箱控温",SV(绿色)为设定温度,而 PV(红色)为实际热电偶测量温度。对于"预热控温"和"反应控温",SV 为设定温度,PV 分别为预热器和反应器外侧的温度。对于"测温"面板,SV 为反应器内部实际温度,PV 为预热器内部实际温度。

预热控温 SV 先设为 100 ℃,实际温度接近 100 ℃后,将设定值进一步升至 170 ℃,最终使预热器(气化器)内部实际值接近 150 ℃。

按照同样的方式,逐步升高反应器温度 SV,设定值逐步设为 100、200、300、390 ℃,最终使反应器内部实际温度达到 260 ℃。

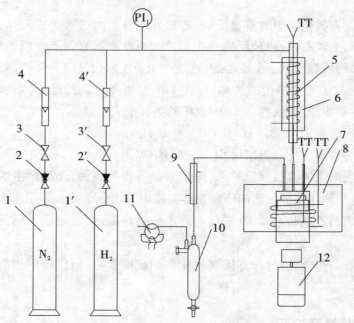

图 5.3-1　内循环无梯度乙醇脱水实验装置

TT-热电偶;PI$_1$-压力计;

1-钢瓶;2-稳压阀;3-调节阀;4-转子流量计;5-预热器;6-预热炉;7-反应器;

8-反应炉;9-冷凝器;10-尾液收集器;11-六通阀;12-马达

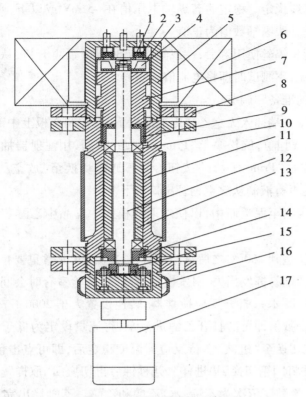

图 5.3-2　反应器结构示意图

1-压片;2-催化剂;3-框压盖;4-桨叶;5-反应器外筒;6-加热炉;

7-反应器内筒;8-法兰;9-压盖;10-轴承;11-冷却内筒;12-轴;

13-内支撑筒;14-外支撑筒;15-反应磁钢架;16-底筒;17-磁力泵

保温控温 SV 设置为 130 ℃,阀箱控温 SV 缓慢逐步设置为 120 ℃,并根据 PV 的数值进行调节。实验中要求阀箱控温 PV 必须低于 135 ℃,因阀箱中密封塑料件不耐高温。一般不可直接设为 120 ℃,否则由于升温的惯性,实际温度可能短时间内超出 135 ℃。

2.气相色谱的启动和调节

将氢气瓶总减压阀打开,表压升至 0.1 MPa 以上,使气相色谱仪侧面压力表的读数达到 0.1 MPa,打开色谱电源开关。色谱采用 TCD 单检测器,需要先通载气,避免其中的钨丝过热。

打开计算机,点击桌面快捷方式"D7900P 色谱工作站",略过选择检测器界面,进入控制面板窗口,先在下拉选择项中将载气设置为氢气,并将进样口设置为 120 ℃,柱箱温度设置为 100 ℃,TCD 检测器设置为 120 ℃,电流设为 80 mA,方法是输入相应数值并回车,柱箱温度设置则需要点击"柱温程序"并在弹出窗口中,在"初始柱温"中输入。当温度升至上述指定值后,点击"开始",软件询问是否开始,点击"是",此时产生色谱基线,等待一段时间,使基线稳定。稳定后若纵轴电压值在-5 mV 或以下,则需要调节色谱仪侧面电位计旋钮,使基线纵轴数值为正值。

注意事项:为延长钨丝使用寿命,在载气稳定 30 min 后再开机,从室温开始升温,且仅在测试时加载电流,不测试时即将电流值清零。

3. 乙醇加料泵的准备和调节

先将塑料进液管一端插入无水乙醇瓶液面以下,将控制面板上中部靠下的三通阀转至"进液转换"(箭头朝上),旋松泵上"Prime/Purge"按钮,用注射器抽尽塑料管中空气,当有液体抽出时,拧紧"Prime/Purge"按钮。将三通阀切换至"放空",将泵流量调节至 0.5 mL/min,观察是否有液滴从放空钢管出口滴下。

4. 加入冰水混合物至保暖瓶中,以便对取样模式中样品中乙醚蒸气、乙醇蒸气和水蒸气进行冷却液化。

5. 当反应器温度达到 260 ℃之后,打开搅拌器冷凝水(非常重要!否则温度高,反应器搅拌装置轴承润滑油易挥发损失,引发搅拌器故障;实验室有时会间断停水,因此实验过程中需经常关注冷凝水),打开反应搅拌器,转速设置大于 2000 r/min,具体设置在电机噪声较小的某一个数值即可。打开乙醇进液泵,将流量设定为低于 0.5 mL/min 的某一个数值,将三通阀切换至"进液"。待反应器温度稳定后,即可点击色谱软件控制面板上的"开始"按钮,并将阀箱切换到"进样",几秒钟后再切换回"取样"。此时色谱流出曲线开始生成,色谱出峰顺序依次为乙烯、水、乙醇和乙醚。乙醚峰出完之后即可点击"停止",记录四个组分的峰面积数值,并将结果保存,文件名修改为自己的班级和组别。

6. 实验结束后,先将气相色谱中 TCD 检测器、进样口温度、柱箱温度均设置为 20 ℃,当实际温度降至 80 ℃以下时,关闭软件和计算机。关闭色谱仪开关。关闭氢气总阀门,将氢气减压阀拧松。

停止乙醇进料,反应体系各温度设置均设为 20 ℃,待实际温度降至 100 ℃以下时,搅拌器转速调零并关闭,等待 10~20 min,关闭搅拌器冷却水。将控制面板上"预热控温"、"反应控温"、"保温控温"、"阀箱控温"、"测温"、"调速"等六个红色按钮关闭,最后关闭系统总开关。

7. 其他注意事项。请大家注意不要碰到热电偶,以免脱开或接触位置发生较大改变,引起温度测量改变。因实验室存有多个氢气钢瓶,气相色谱载气为氢气,所以实验室严禁明火,也禁止在走廊里吸烟。

五、实验数据记录及处理

以下举例说明数据处理计算方法。

(此数据不是本实验数据,仅是为了便于说明计算方法,请同学们注意。)

1. 原始记录数据(表 5.3-1)

表 5.3-1 原始数据记录表

实验号	进料量 /(mL/h)	温度/℃			产物峰面积			
		阀箱	反应器	管路保温	乙烯	水	乙醇	乙醚
1	2	120	245	130	108493	372572	1534287	49543
	4				41162	321427	1675623	106447
	6				84471	226797	1664158	37333
2	2	120	270	130	1257989	326320	972101	142106
	4				1254921	237715	887316	217929
	6				1475273	458134	1034712	213906
3	2	120	312	130	1516530	590266	606294	17249
	4				1131427	492833	469433	
	6				1737122	800095	1380765	51245

2. 数据处理(表 5.3-2)

表 5.3-2 数据处理表

实验号	反应温度 /℃	乙醇进料量/ (mL/min)	产物摩尔数组成				乙醇转化率	乙烯收率	$V/[\text{mol}/(\text{min·g})]$	$C/(\text{mol}/\text{L})$	$K/[\text{L}/(\text{min·g})]$
			乙烯	水	乙醇	乙醚					
1	245	2	0.064	0.321	0.602	0.013	0.1301	0.0925	0.0010	0.01416	0.07062
		4	0.025	0.281	0.667	0.0276	0.1073	0.0335	0.0008	0.01569	
		6	0.056	0.221	0.712	0.011	0.099	0.0709	0.0024	0.01675	
2	270	2	0.515	0.195	0.265	0.025	0.6807	0.6205	0.0071	0.00595	1.1933
		4	0.549	0.152	0.258	0.041	0.7098	0.6175	0.0141	0.00579	
		6	0.504	0.229	0.235	0.032	0.7073	0.6276	0.0646	0.00527	
3	312	2	0.544	0.309	0.145	0.003	0.7910	0.7827	0.0090	0.00302	2.9801
		4	0.523	0.333	0.144	0	0.7841	0.7841	0.0179	0.00300	
		6	0.454	0.305	0.240	0.006	0.6601	0.6431	0.0221	0.00500	

(1)某一种组分在混合物中的摩尔百分比 Y_i 按如下公式计算:

$$Y_i = A_i f_i / \sum_{i=1}^{4} A_i f_i$$

其中 A_i 为气相色谱峰面积数值，f_i 为对于组分摩尔校正系数，见表5.3-3。以245 ℃，乙醇流量2 mL/min 为例

$$Y_{乙烯} = \frac{108\ 493 \times 2.08}{108\ 493 \times 2.08 + 372\ 572 \times 3.03 + 1\ 534\ 287 \times 1.39 + 49\ 543 \times 0.91} = 0.064，即$$

6.4%。

同理可得，$Y_水$ 为 0.321，$Y_{乙醇}$ 为 0.602，$Y_{乙醚}$ 为 0.013。

表 5.3-3　实验中各组分的摩尔校正系数

组分	乙烯	水	乙醇	乙醚
摩尔校正系数 $f/10^{-2}$	2.08	3.03	1.39	0.91

（2）乙醇转化率的计算：

以 100 mol 产物作基准，则尾气中含乙烯 6.4 mol，水32.1 mol，乙醇 60.2 mol，乙醚 1.3 mol。由乙醇脱水生成乙烯和乙醚的反应式可知，转化的乙醇共 $1.3 \times 2 + 6.4 = 9.0$（mol）。因此乙醇的转化率 $X_{乙醇} = 9.0 / (9.0 + 60.2) = 0.1301$，即 13.01%。

（3）乙烯的收率的计算：

$$y_{乙烯} = \frac{n_{乙烯(实际)}}{n_{乙烯(理论)}} = \frac{100 \times 0.064}{100 \times (2 \times 0.013 + 0.064 + 0.602)} = 0.0925，即 9.25\%。$$

（4）乙醇的摩尔进料速率 F 分别为：

当进料速率为 2 mL/min 时，$F_1 = \dfrac{Q_1 \rho}{M} = \dfrac{2 \times 0.7893}{46} = 0.03432$（mol/min）

当进料速率为 4 mL/min 时，$F_2 = \dfrac{Q_2 \rho}{M} = \dfrac{4 \times 0.7893}{46} = 0.06864$（mol/min）

当进料速率为 6 mL/min 时，$F_3 = \dfrac{Q_3 \rho}{M} = \dfrac{6 \times 0.7893}{46} = 0.10306$（mol/min）

其中 Q 为乙醇加料流量，ρ 为乙醇密度 0.7893 g/ml，M 为乙醇分子量 46 g/mol。

（5）以进料速率 2 mL/min 为例：

$$乙醇反应速率 = \frac{乙醇进料速率 \times 乙烯收率}{催化剂用量}$$

$$V_{乙醇} = \frac{F_1 y_{乙烯}}{m_c} = \frac{0.03432 \times 0.09525}{3} = 0.0010（mol \cdot min^{-1} \cdot g^{-1}）$$

（注意本实验中催化剂的质量是 5.88 g。）

（6）反应时乙醇的浓度：

$$C_{乙醇} = \frac{P_{乙醇}}{RT} = \frac{1 \times 0.602}{0.082 \times (273.15+245)} = 0.01416 (\text{mol} / \text{L})$$

式中 R 的单位为 $\text{L} \cdot \text{atm} / (\text{mol} \cdot \text{K})$。

（7）生成乙烯反应的速率常数：

$$k = \frac{v_{乙醇}}{c_{乙醇}} = \frac{0.0010}{0.01416} = 0.07062 (\text{L} \cdot \text{min}^{-1} \cdot \text{g}^{-1})$$

（8）将 k 取对数 $\ln k$，根据 Arrhenius 方程的对数形式 $\ln k = \ln A - \dfrac{E_a}{RT}$，以 $1/T$ 为横坐标，以 $\ln k$ 为纵坐标作图，斜率为 $-E_a / R$，其中 E_a 为表观活化能，截距为指前因子 A 的对数。

（9）从实验结果可以看出，升高反应温度，是有利于生成乙烯还是乙醚？实验中哪个温度乙烯收率较高？

（10）根据对实验设备和实验过程的理解，列出实验数据主要的误差来源。

六、实验涉及的危险品及安全注意事项

1.本实验涉及的危险品主要有乙醇、乙烯和乙醚。

2.安全注意事项：

（1）乙醇：易燃、易爆，实验时应密闭操作，全面通风，远离火源，预防静电发生。

（2）乙烯：易燃、易爆、有毒，具有较强的麻醉作用，实验时应密闭操作，全面通风，远离火源，预防静电发生。

（3）乙醚：易燃、易爆、有毒，可致人全身麻醉，实验时应密闭操作，全面通风，远离火源，预防静电发生。

实验 5.4　固定床催化乙醇脱水反应

一、实验目的

1.熟悉固定床反应器结构原理、操作特点。

2.了解用分子筛催化剂乙醇气相脱水制备乙烯的反应过程、机理及主要影响因素。

3.考察操作条件对产物收率的影响，掌握获得适宜工艺条件的步骤和方法。

4.了解气相色谱的原理和结构，掌握其基本操作方法和色谱图分析、数据定量处理方法。

二、实验原理

乙醇脱水是有机化学中的重要反应,主要是以下两种竞争反应:高温下有利于生成乙烯,而相对的低温有利于生成乙醚。用 γ-氧化铝为催化剂时,在 290 ~ 320 ℃ 主要生成乙烯和水,而在 240 ~ 260 ℃ 主要生成乙醚和水。

$$C_2H_5OH \longrightarrow C_2H_4 + H_2O \tag{5.4-1}$$

$$2C_2H_5OH \longrightarrow C_2H_5OC_2H_5 + H_2O \tag{5.4-2}$$

本实验中采用分子筛在固定床中进行乙醇脱水反应。反应生成的乙醚和水,以及未反应的乙醇被冷凝,而乙烯进入尾气湿式流量计后排空。

三、实验装置及流程

1. 装置

装置由反应系统和控制系统组成。反应系统的反应器为管式,由不锈钢材料制成。

气固相催化反应固定床装置是管式反应器,床内有直径 3 mm 的不锈钢套管穿过反应器的上下两端,并在管内插入直径 1 mm 的铠装热电偶,通过上下拉动热电偶而测出床层各不同高度的反应温度。加热炉采用三段加热控温方式,上下段温度控制灵活,恒温区较宽。控制系统的温度控制采用高精度的智能化仪表,有三位半的数字显示,通过参数改变能适用于各种测温传感器,并且控温与测温数据准确可靠。

整机流程设计合理,设备安装紧凑,操作方便,性能稳定,重现性好。

2. 固定床技术指标

(1)固定床反应器 $\phi20$ mm×600 mm;加热炉为上中下三段加热功率分别为 1.0 kW,操作温度:室温 ~ 600 ℃,温度控制精度 FS≤0.2%。

(2)催化剂装填量 10 ~ 20 mL。

(3)气体流量 0.05 ~ 0.5 L/min,最大液体流量 0.79 L/hr。

(4)最高使用压力 0.2 MPa。

(5)预热器:$\phi12$ mm×250 mm,预热器加热功率 0.5 kW;操作温度室温 ~ -250 ℃。

(6)气液分离器:$\phi51$ mm×260 mm。

3. 流程示意图

如图 5.4-1。

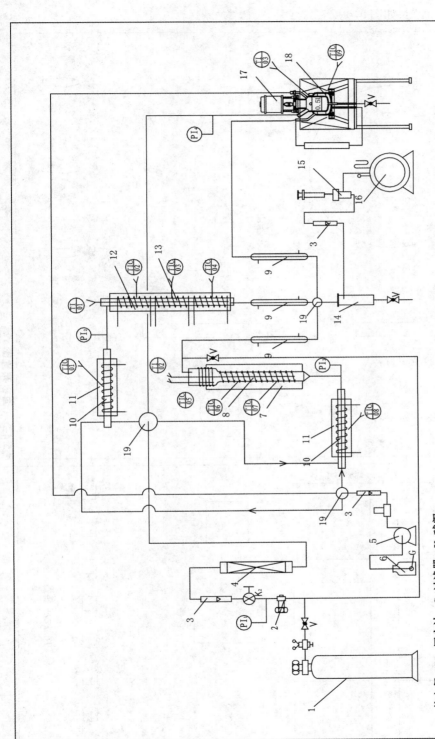

图5.4-1　多功能反应装置

TI-热电偶；PI_1-压力计；G-过滤器；V-球阀
1-氮气钢瓶；2-稳压阀；3-转子流量计；4-干燥器；5-液体泵；6-液体瓶；7-流化床反应炉；8-流化床反应器；9-冷凝器；10-预热炉；11-预热器；
12-固定床反应炉；13-固定床反应器；14-气液分离器；15-取样器；16-温度分离器；17-搅拌电机；18-釜式反应器；19-五位四通阀

4. 面板布置图,如图 5.4-2。

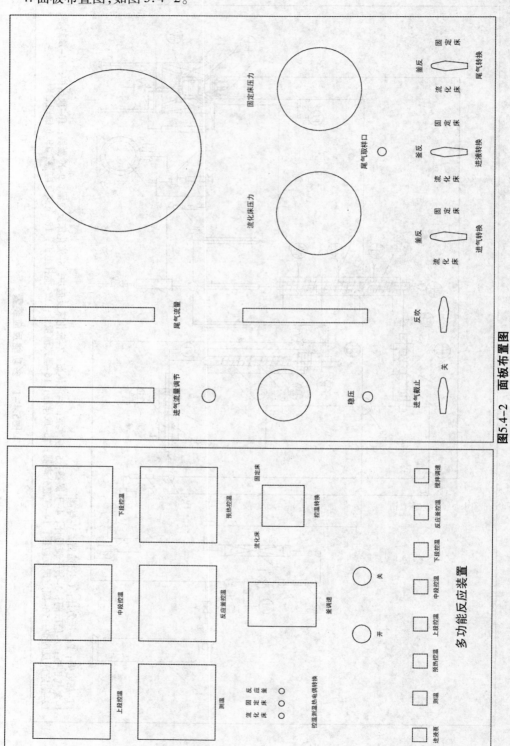

图5.4-2 面板布置图

四、操作步骤

将测温控温热电偶转换开关、控温转换调到固定床,进液、进气、尾气通过四通阀调节到固定床,即可以正常使用固定床。

1. 催化剂的填装与系统试漏

(1)松开反应器的下部热电偶套管密封件,拆去下部出口与分离器连接接头和上部与预热器连接接头,卸开大螺帽将反应器从加热炉上部拉出,再卸下反应器上部大螺帽,上部朝下用铁丝拉出玻璃棉,倒出催化剂,取出套管和支撑架,用丙酮或乙醇清洗干净后吹干,再插入测温套管及催化剂支撑架和不锈钢支撑网后,连接下部大螺帽(从套管中穿过,用手拧紧螺帽再拧紧反应器的下部热电偶套管密封件,使套管不能移动),最后装入新催化剂。

注意:装催化剂要将套管放在反应器中心位置,要用小直径的长棍测量催化剂的床层高度,最好使催化剂床层处于加热炉的中部。将上盖大螺帽通过测温套管安装好,用扳手拧紧后再卸下下部大螺帽,重新插入炉内,在拧紧上预热器后用扳手拧紧反应器下部大螺帽,再连接好分离器接头,插入测温热电偶。

(2)通过稳压阀和调节阀进入空气或氮气,卡死出口,加压至 0.1 MPa,5 min 不下降为合格。试漏合格后打开卡死的管路,可进行实验操作。

注意:在试漏前应首先确定反应介质是气体还是液体或两者。如果仅仅是气体就要盲死液体进口,不然在操作中有可能会从液体加料泵管线部位发生漏气。

2. 升温与温度控制

升温前必须检查热电偶和加热电路接线是否正确,检查无误后方可开启电源总开关和分开关,此时控温仪表有温度数值显示出来。温度控制的数值给定调整仪表的+、-键,在仪表的下部显示出设定值。温度控制仪的使用详见说明书(AI 人工智能工业调节器说明书)。反应加热炉分为三段加热,温度给定一般上、下设定为同一温度,而且小于中段的 50 ~ 100 ℃,亦可自行测定后再确定上、下段给定的温度。当控温效果不佳,偏差较大时,可将仪表参数 CTRL 改为 2 使控温仪表进行自整定。温度稳定后可通入液体物料。若反应物不是液体,则在升温中就可通气。

注意:反应器温度控制是靠插在加热炉内的热电偶感知其温度后传送给仪表去执行的,它靠近加热炉丝,其值要比反应器内高,反应器的测温热电偶是插在反应器的催化剂床层内,故给定值必须略微高些(指吸热反应)。预热器的热电偶直接插在预热器内,用此温度控温,温度不要太高,对液体进料来说能使它气化即可。也可不安装预热器而直接将物料进入反应器顶部,因为反应器有很长的加热段,起预热作用。待温度接近要求值时,通入反应介质,拉动测温热电偶找出床层最高点(指放热反应),此后可进入反应阶段。

当改变流速时床内温度要改变,故调节温度一定要在固定的流速下进行。反应中要定时取气样和液样进行分析(在分离器下部放出液样)。湿式流量计要注入水至水位要求处(应是蒸馏水)。

特别提醒注意:电源插头必须有相、中、地线三点插头,地线一定要与设备的接地线连通良好,以防止触电。

3. 加料

乙醇加料泵的准备和调节。预热器设定在 200 ℃。待温度接近要求值时,通入反应介质,此后可进入反应阶段。

4. 反应

当反应器温度达到 290 ℃之后,稳定 20 min 后,取样分析组成。

5. 改变流量、温度进行实验

改变流量、温度,维持 10～20 min,达到稳定后,取样分析组成。

6. 停车

当反应结束后停止加料(液体),将控温仪表设定值调至室温或以下,关闭电源。电源关闭后要继续通气,待温度降至 200 ℃以下可关闭气体(具体视催化剂的要求而定)。

五、注意事项

1. 必须熟悉仪器的使用方法。

2. 升温操作一定要有耐心,不能忽高忽低、乱改乱动。

3. 流量的调节要随时观察及时调节,否则温度也不容易稳定。

4. 长期不使用时,应将湿式流量计的水放净,将装置放在干燥通风的地方。如果再次使用,一定要在低电流下通电加热一段时间,以除去加热炉保温材料吸附的水分。

5. 一旦出现乙醇泄露的情况,请立即关闭室内电源,最大程度打开通风装置,组织人员迅速有序撤离现场。如果乙醇泄露发生起火,则迅速关闭电源,动用灭火装置。

六、故障处理

1. 开启电源开关指示灯不亮,并且没有交流接触器吸合声,则保险坏或电源线没有接好。

2. 开启仪表各开关时指示灯不亮,并且没有继电器吸合声,则分保险坏或接线有脱落的地方。

3. 开启电源开关有强烈的交流震动声,则是接触器接触不良,反复按动开关可消除。

4. 仪表正常但电流表没有指示,可能保险坏或固态变压或固态继电器坏。

5. 控温仪表、显示仪表出现四位数字,告知热电偶有断路现象。

6. 反应系统压力突然下降,则有大泄露点,应停车检查。

7. 电路时通时断,有接触不良的地方。

8. 压力增高,尾气流量减少,表明系统有堵塞的地方,应停车检查。

七、实验数据记录及处理

(1)气相色谱分析:产品峰面积。实验数据填入表 5.4-1。

表 5.4-1　数据记录表

实验号	进料量 /(mL/h)	反应器 温度/℃	乙烯	水	乙醇	乙醚

(2)求不同温度反应条件下出口气中各组分的含量。

八、结果与讨论

(1)变换温度,考察出口气中各组分的含量,做转化率随温度变化的曲线。

(2)变换流量,考察出口气中各组分的含量,做转化率随流量变化的曲线。

实验 5.5　流化床催化乙醇脱水反应

一、实验目的

1. 熟悉流化床反应器结构原理、操作特点。

2. 了解用分子筛催化剂催化乙醇气相脱水制备乙烯的反应过程、机理及主要影响因素。

3. 考察操作条件对产物收率的影响,掌握获得适宜工艺条件的步骤和方法。

4. 了解气相色谱的原理和结构,掌握其基本操作方法和色谱图分析、数据定量处理方法。

二、实验原理

乙醇脱水是有机化学中的重要反应,主要是以下两种竞争反应:高温下有利于生成乙烯,而相对的低温有利于生成乙醚。采用 γ–氧化铝为催化剂时,在 290~320 ℃ 主要生成乙烯和水,而在 240~260 ℃ 主要生成乙醚和水。

$$C_2H_5OH \longrightarrow C_2H_4 + H_2O \tag{5.5-1}$$

$$2C_2H_5OH \longrightarrow C_2H_5OC_2H_5 + H_2O \tag{5.5-2}$$

本实验中采用分子筛在流化床中进行乙醇脱水反应。反应生成的乙醚和水,以及未反应的乙醇被冷凝,而乙烯进入尾气湿式流量计后排空。

三、实验装置及流程

1. 装置

本装置由反应系统和控制系统组成:反应系统的反应器为管式、流化床反应器和釜式反应器,全部由不锈钢材料制成。

气固相催化反应流化床是一种在反应器内由气流作用使催化剂细粒子上下翻滚做剧烈运动的床型。流化床也为不锈钢制成,床下部为预热段,中下部为流化膨胀的催化剂浓相段,中上部为稀相段,顶部为扩大段。也采用三段控温方法。控制系统的温度控制采用高精度的智能化仪表,有三位半的数字显示,通过参数改变能适用于各种测温传感器,并且控温与测温数据准确可靠。它的换热效果比固定床优越,能及时把反应热移走,床层温度均匀,避免产物产生过热现象,提高了催化剂的反应效率。故流化床在许多有机反应中得到应用,如丙烯氨氧化制丙烯腈、丁烷或苯氧化制顺酐、二甲苯或萘氧化制苯酐、乙烯氯化、石油催化裂化、烷烃催化脱氢、二氧化硫氧化等都有工业规模生产,在实验室用流化床研究催化剂和工艺条件对产品开发有重大作用。

整机流程设计合理,设备安装紧凑,操作方便,性能稳定,重现性好。

2. 流化床技术指标

(1)流化床反应器,反应段:φ20 mm,长 400 mm;扩大段 φ76 mm,长 200 mm。加热炉三段加热,加热功率(三段加热)各 1.0 kW,最高使用温度 600 ℃,温度控制精度 FS≤0.2%。

(2)催化剂装填量 10~20 mL。

(3)气体流量 0.05~0.5 L/min,最大液体流量 0.79 L/h。

(4)最高使用压力 0.2 MPa。

(5)预热器 φ12 mm×250 mm,预热器加热功率 0.5 kW,使用温度室温~250 ℃。

(6)气液分离器 φ51 mm×260 mm。

3. 流程示意图

见图 5.4-1 所示。

4. 面板布置图

见图 5.4-2 所示。

四、操作步骤

将测温控温热电偶转换开关、控温转换调到流化床,进液、进气、尾气通过四通阀调节到流化床,即可以正常使用流化床。

1. 催化剂填装

松开床出、入气口接头,使反应器与预热器和冷凝器分离,从炉内轻轻拉出流化床反应器。注意,拉动时可能有卡紧的地方,轻轻转动上法兰,并慢慢上升,勿用力过大,以免造成炉瓦破裂。

卸下反应器的上盖,填加玻璃棉 10～15 mm,上部插入挡板和热电偶套管。支撑架和挡板底端必须紧密压在玻璃棉上(玻璃棉为耐高温的硅酸铝纤维)。倒入 10～20 mL催化剂后再将法兰盖从热电偶套管内插入,并上紧螺栓,接好出、入口接头。

2. 气密性检验

盲死冷凝气液分离器出口,通入 N_2 或空气至 0.1 MPa。关闭进口阀,观察压力表 5 min 不下降为合格。否则要用毛刷涂肥皂水在各接点涂拭,找出漏点重新处理后再次试漏,直至合格为止。打开盲死的管路,可进行实验。

注意:在试漏前首先确定反应介质是气体还是液体或两者。如果仅仅是气体就要盲死液体进口接口,不然在操作中有可能会从液体加料泵管线部位发生漏气。

3. 升温与温度控制

升温前必须检查热电偶和加热电路接线是否正确,无误后开启加热开关,分别打开床上段、下段、扩大段、预热的加热开关,此时控温仪表有温度数值显示。控制方法同前,以后根据升温速度适当调整下段和上段温度给定值。温度控制的数值给定要按仪表的∧、∨键,在仪的下部显示出设定值。温度控制仪的使用详见说明书(AI 人工智能工业调节器说明书),不允许不了解使用方法就进行操作。反应加热炉是三段加热,每段温度给定并不相同,一般是下段设定温度高些。当给定值和参数值都给定后控制效果不佳时,可将控温仪表参数 CTRL 改为 2 再次进行自整定。自整定需要一定时间,温度经过上升、下降、再上升、下降、类似位式调节,很快就达到稳定值。

注意:反应器温度控制要求参见固定床反应器注意事项。

同样,当改变流速时床内温度也要改变,故调节温度一定要在固定的流速下进行。注意:当温度达到恒定值后要拉动测温热电偶,观察温度的轴向分布情况。此时,由于在流化状况下床层高度膨胀,在这个区域内的温差不大,超过这个区域则温度明显下降。

以恒温区的长度可大致获得流化床的浓相段高度。如果测出温度数据在床的底部偏低，说明惰性物的填装高度不够高，或预热温度不够高，提高预热温度或增加惰性物高度都能改善。最后将热电偶放至恒温区内。亦可以将反应段测温放在控温仪表上操作，在此我们并不推荐此方法。

当达到所要求的反应温度时，可开动泵进液，同时观察床内温度变化。

操作中有计算机进行温度采集，其操作方法见数采软件说明。

特别提醒注意：电源插头必须有相、中、地线三点插头，地线一定要与设备的接地线连通良好，以防止触电。

4. 加料

乙醇加料泵的准备和调节。预热器设定在 200 ℃。当达到所要求的反应温度时，可开动泵进液。

5. 反应

当反应器温度达到活性反应温度（如 290 ℃）之后，稳定 20 min，取样分析组成。

6. 取样

改变流量、温度，达到稳定后，维持 20 min，取样分析组成。

7. 停车

当反应结束后停止加料（液体），将控温仪表设定值调至室温或以下，关闭电源。电源关闭后要继续通气，待温度降至 200 ℃ 以下可关闭气体（具体视催化剂的要求而定）。

五、注意事项

1. 必须熟悉仪器的使用方法。

2. 升温操作一定要有耐心，不能忽高忽低、乱改乱动。

3. 流量的调节要随时观察及时调节，否则温度也不容易稳定。

4. 长期不使用时，应将湿式流量计的水放净，将装置放在干燥通风的地方。如果再次使用，一定要在低电流下通电加热一段时间以除去加热炉保温材料吸附的水分。

5. 一旦出现乙醇泄露的情况，请立即关闭室内电源，最大程度打开通风装置，组织人员迅速有序撤离现场。如果乙醇泄露发生起火，应迅速关闭电源，动用灭火装置。

六、故障处理

1. 开启电源开关指示灯不亮，并且没有交流接触器吸合声，则保险坏或电源线没有接好。

2. 开启仪表各开关时指示灯不亮，并且没有继电器吸合声，则分保险坏或接线有脱落的地方。

3. 开启电源开关有强烈的交流震动声,则是接触器接触不良,反复按动开关可消除。

4. 仪表正常但电流表没有指示,可能保险坏或固态变压或固态继电器坏。

5. 控温仪表、显示仪表出现四位数字,则告知热电偶有断路现象。

6. 反应系统压力突然下降,则有大泄露点,应停车检查。

7. 电路时通时断,有接触不良的地方。

8. 压力增高,尾气流量减少,系统有堵塞的地方,应停车检查。

七、实验数据记录及处理

(1)气相色谱分析:记录产品峰面积,数据记录见表 5.5-1。

表 5.5-1 数据记录表

实验号	进料量 /(mL/h)	反应器温度 /℃	乙烯	水	乙醇	乙醚

(2)求不同温度反应条件下出口气中各组分的含量。

八、结果与讨论

(1)反应温度对转化率、收率有何影响?

(2)原料流量对转化率、收率有何影响?

(3)流化床反应器和固定床反应器比较,有什么优缺点?

实验 5.6 过程仿真实验

过程仿真实验选自北京化工大学吴重光教授开发的"化工过程及系统控制仿真系列

软件"。该软件采用先进的编程思想,将复杂的化工过程,包括控制系统的动态数学模型在微机中实时运行,并通过彩色图形控制操作画面,以直观、方便的操作方式进行仿真(模拟)教学。软件能够深层次揭示化工过程及控制系统随时间动态变化的规律,具有全工况可操作性。

一、实验目的

1. 深入了解化工过程系统的操作原理,提高对典型化工过程的开车、停车运行能力。
2. 掌握调节器的基本操作技能,进而熟悉 PID 参数的在线整定。
3. 掌握复杂控制系统的投运和调整技术。
4. 提高对复杂化工过程动态运行的分析和决策能力,通过仿真实验训练能够提出最优开车方案。
5. 在熟悉开、停车和复杂控制系统的调整基础上,训练识别事故和排除事故的能力。

二、实验内容

我们选择其中两个非常有代表性的典型工业过程进行仿真实验,即实验 5.6.1 间歇反应(硫化促进剂的生产)和实验 5.6.2 连续反应(采用两釜串联的带搅拌的釜式反应器 CSTR 中丙烯聚合过程流程)。

三、实验要求

1. 熟悉工艺流程、控制系统及开车规程:要对工艺流程,包括设备位号、检测控制点位号、正常工况的工艺参数范围、控制系统的原理、阀门及操作点的作用以及开车规程等知识具有详细的了解。
2. 仿真实验操作训练:必须训练出对动态过程中各变量之间的协调控制(包括手动和自控)能力,掌握时机、利用时机的能力,以及对将要产生的操作和控制后果的预测能力等,才能自如地驾驭整个工艺过程。这种综合能力,只有通过反复多次训练才能获得。
3. 掌握工业(PID)调节器的使用、参数调整及复杂控制系统的投运方法。
4. 分析与讨论:对实验过程中所碰到的各种现象,只有通过讨论才能提高到理性上加以认识。仿真实验完成后,学生必须做出详细的仿真实验报告。
5. 安全教育:通过动态模拟试验,了解事故动态演变过程的特性,理解事故工况下的安全处理方法,理解安全保护控制系统的作用原理。通过仿真,可以了解事故产生的原因、危险如何扩散、会造成什么后果、如何排除以及最佳排除方案是什么。
6. 仿真优化生产实验:借助于仿真实验高效、无公害的特点,学生可以自己设计、试验最优开车方案,探索最优操作条件和最优控制方案,分析现有工艺流程的缺点和不足,提出技术改造方案,并通过仿真实验进行可行性论证等。

四、软件操作

1. 电脑开机

进入机房后,先打开总电源,按主机的开始按钮启动计算机。

2. 进入界面

启动计算机后,出现 windows 2007 和 fangzhenruanjian 两个选择项,利用键盘的↓键选择 fangzhenruanjian,用 Enter 键进入仿真软件,即可进入仿真实验界面。

3. 实验选择

进入仿真实验界面主页,可以用键盘上的←、↑、→、↓键选择实验反应,其中 Batch Reactor 为间歇反应,CSTR 为连续反应。

4. 界面操作

选择实验反应后,按 Enter 键进入该实验的主界面,继续按 Enter 键进入操作界面,H 键为帮助 Help 键,按 F1 键查看实时成绩,按 F8 可以查看正常工序状态,F7 为冷态开车。

5. 结束操作

实验结束后,按 Ctrl+End 键结束实验,选择 Shut down 关闭计算机。

实验 5.6.1　间歇反应器中生产橡胶硫化促进剂 M 的工业过程仿真

一、工艺流程简介

间歇反应过程在精细化工、制药、催化剂制备、染料中间体等行业应用广泛。间歇操作反应器系将原料按一定配比一次加入反应器,待反应达到一定要求后,一次卸出物料。本间歇反应的物料特性差异大:多硫化钠需要通过反应制备;反应属放热过程,由于二硫化碳的饱和蒸气压随温度上升而迅猛上升,冷却操作不当会发生剧烈爆炸;反应过程中有主副反应的竞争,必须设法抑制副反应,然而主反应的活化能较高,又期望较高的反应温度。如此多种因素交织在一起,使本间歇反应具有典型代表意义。

在叙述工艺过程之前必须说明,选择某公司有机厂的硫化促进剂间歇反应岗位为参照,目的在于使本仿真培训软件更具有工业背景,但并不拘泥于该流程的全部真实情况。为了使软件通用性更强,我们对某些细节做了适当的变通处理和简化。

硫化促进剂简称促进剂,是指能促进硫化作用的物质,可缩短硫化时间,降低硫化温度,减少硫化剂用量和提高橡胶的物理机械性能等。有机厂缩合反应的产物是橡胶硫化促进剂 DM 的中间产品。它本身也是一种硫化促进剂,称为 M,但活性不如 DM。DM 是各种橡胶制品的硫化促进剂,能大大加快橡胶硫化的速度。硫化作用能使橡胶的高分子结构变成网状,从而使橡胶的抗拉断力、抗氧化性、耐磨性等加强。它和促进剂 D 合用适用于棕色橡胶的硫化,与促进剂 M 合用适用于浅色橡胶硫化。

本间歇反应岗位包括了备料工序和缩合工序。基本原料为四种:硫化钠(Na_2S)、硫黄(S)、邻硝基氯苯($C_6H_4ClNO_2$)及二硫化碳(CS_2)。

备料工序包括多硫化钠制备与沉淀、二硫化碳计量、邻硝基氯苯计量。

1. 多硫化钠制备反应

此反应是将硫黄(S)、硫化钠(Na_2S)和水混合,以蒸汽加热、搅拌,在常压开口容器中反应,得到多硫化钠溶液。反应时有副反应发生,此副反应在加热接近沸腾时才会有显著的反应速度。因此,多硫化钠制备温度不得超过 85 ℃。

多硫化钠的含硫量以指数 n 表示。实验表明,硫指数较高时,促进剂的缩合反应产率提高。但当 n 增加至 4 时,产率趋于定值。此外,当硫指数过高时,缩合反应中析出游离硫的量增加,容易在蛇管和夹套传热面上结晶而影响传热,使反应过程中压力难以控制。所以硫指数应取适中值。

2. 二硫化碳计量

二硫化碳易燃易爆,不溶于水,密度大于水。因此,可以采用水封隔绝空气保障安全。同时还能利用水压将储罐中的二硫化碳压至高位槽。高位槽具有夹套水冷系统。

3. 邻硝基氯苯计量

邻硝基氯苯熔点为 31.5 ℃,不溶于水,常温下呈固体状态。为了便于管道输送和计量,必须将其熔化,并保存于具有夹套蒸汽加热的储罐中。计量时,利用压缩空气将液态邻硝基氯苯压至高位槽,高位槽也具有夹套保温系统。

4. 缩合反应工序

缩合反应工序历经下料、加热升温、冷却控制、保温、出料及反应釜清洗阶段。

邻硝基氯苯、多硫化钠和二硫化碳在反应釜中经夹套蒸汽加入适度的热量后,将发生复杂的化学反应,产生促进剂 M 的钠盐及其副产物。缩合反应不是一步合成,实践证明还伴有副反应发生。缩合收率的大小与这个副反应有密切关系。当硫指数较低时,反应是向副反应方向进行。主反应的活化能高于副反应,因此提高反应温度有利于主反应的进行。但在本反应中若升温过快、过高,将可能造成不可遏制的爆炸而发生危险事故。

保温阶段之目的是尽可能多地获得所期望的产物。为了最大限度地减少副产物的生成,必须保持较高的反应釜温度。操作员应经常注意釜内压力和温度,当温度压力有所下降时,应向夹套内通入适当蒸汽以保持原有的釜温、釜压。

缩合反应历经保温阶段后,接着利用蒸汽压力将缩合釜内的料液压入下道工序。出料完毕,用蒸汽吹洗反应釜,为下一批作业做好准备。本间歇反应岗位操作即告完成。

二、流程图说明

间歇反应工艺流程见图 5.6.1-1,说明如下:R1 是敞开式多硫化钠反应槽。用手操阀 HV-1 加硫化钠(假定是流体,以便仿真操作),用手操阀 HV-2 加硫黄(假定是流体,以便仿真操作),用手操阀 HV-3 加水,用 HV-4 通入直接蒸汽加热。反应槽设有搅拌,其电机开关为 M01。反应槽液位由 H-1 指示,单位是米(m);温度由 T1 指示。R1 中制备完成的多硫化钠通过泵 M3 打入立式圆桶形沉淀槽 F1。液位由 H-2 指示,单位为米(m)。经沉淀的多硫化钠清液从 F1 沉淀层的上部引出,通过泵 M4 及出口阀 V16 打入反应釜 R2。F1 中的固体沉淀物从底部定期排污。

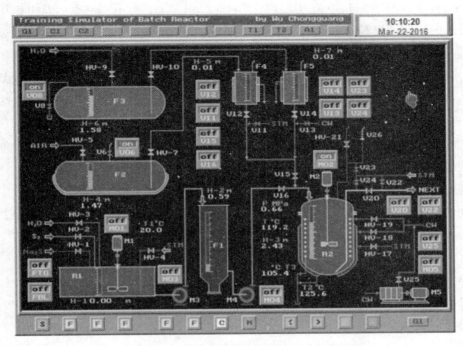

图 5.6.1-1　间歇反应流程图画面

　　F2 是邻硝基氯苯原料的卧式储罐。为了防止邻硝基氯苯在常温下凝固,F2 设有蒸汽夹套保温。物料液位由 H-4 指示,单位 m。F2 顶部设压缩空气管线,手操阀 HV-5 用于导入压缩空气,以便将邻硝基氯苯压入高位计量槽 F4。F2 顶还设有放空管线和放空阀 V6,当压料完成时泄压用。插入 F2 罐底的管线连接至邻硝基氯苯计量槽 F4 的顶部。手操阀 HV-7 用于调节邻硝基氯苯上料流量。F4 设料位指示 H-5,单位 m。F4 顶有通大气的管线,防止上料及下料不畅。F4 的 1.2 m 高处设溢流管返回收罐,用于准确计量邻硝基氯苯。F4 亦用蒸汽夹套保温。下料管经阀门 V12 和 V15 连接反应釜 R2。为防止邻硝基氯苯凝固堵管,设蒸汽吹扫管线,V11 为吹扫蒸汽阀门。

　　F3 是二硫化碳原料的卧式储罐。为了防止二硫化碳挥发逸出着火爆炸,利用二硫化碳比水重且不溶于水的特性,F3 设有水封。二硫化碳液位由 H-6 指示,单位 m。F3 顶部设自来水管线,手操阀 HV-9 用于导入有压自来水,以便将二硫化碳压入高位计量槽 F5。F3 顶还设有泄压管线和泄压阀 V8,当压料完成时泄压用。插入 F3 罐底的管线连接至二硫化碳计量槽 F5 的顶部。手操阀 HV-10 用于调节二硫化碳上料流量。F5 设料位指示 H-7,单位 m。F5 顶有通大气的管线,防止上料及下料不畅。F5 的 1.4 m 高处设溢流管返回收罐,用于准确计量二硫化碳。F5 用冷却水夹套降温,防止二硫化碳挥发逸出燃烧爆炸。下料管经阀门 V14 和 V15 连接反应釜 R2。为防止下料管线温度高导致二硫化碳挥发逸出,设冷却水管线,V13 为冷却水阀门。

反应釜 R2 是本间歇反应的主设备。为了及时观察反应状态,R2 顶部设压力表 P,单位 MPa。设釜内温度表 T,单位 ℃。料位计 H-3,单位 m。反应釜夹套起双重作用。在诱发反应阶段用手操阀门 HV-17 通蒸汽加热,在反应诱发后用手操阀门 HV-18 通冷却水降温。反应釜内设螺旋蛇管,在反应剧烈阶段用于加强冷却,冷却水手操阀门为 HV-19。冷却水管线与多级高压水泵出口相连。高压泵出口阀为 V25,电机开关为 M05。插入反应釜底的出料管线经阀门 V20 至下一工序。为了防止反应完成后出料时硫磺遇冷堵管,自 V20 至釜内的管段由阀门 V24 引蒸汽吹扫,自 V20 至下工序的管段由阀门 V22 引蒸汽吹扫。阀门 V23 引蒸汽至反应釜上部汽化空间,用于将物料压至下工序。釜顶设放空管线,手操阀门 HV-21 为放空阀。V26 是反应釜的安全阀。温度计 T2、T3 分别为夹套与蛇管出水测温计。

软件各画面(见图 5.6.1-1、图 5.6.1-2 和图 5.6.1-3)中的设备、阀门及仪表分列如下。

1. 工艺设备

R1	多硫化钠制备反应器	R2	缩合反应釜
F1	多硫化钠沉淀槽	F2	邻硝基氯苯储罐
F3	二硫化碳储罐	F4	邻硝基氯苯计量槽
F5	二硫化碳计量槽	M1	多硫化钠制备反应器搅拌电机
M2	缩合反应釜搅拌电机	M3	多硫化钠输送泵 1 电机
M4	多硫化钠输送泵 2 电机	M5	高压水泵电机

2. 指示仪表

P	反应釜压力 MPa	T	反应釜温度 ℃
T1	多硫化钠制备反应温度 ℃	T2	夹套冷却水出口温度 ℃
T3	蛇管冷却水出口温度 ℃	H-1	多硫化钠制备反应器液位 m
H-2	沉淀槽液位 m	H-3	缩合釜液位 m
H-4	邻硝基氯苯储罐液位 m	H-5	邻硝基氯苯计量槽液位 m
H-6	二硫化碳储罐液位 m	H-7	二硫化碳计量液位 m
PS	主蒸汽压力 MPa	PW	冷却水压力 MPa
PG	压缩空气压力 MPa	PJ	当夹套加热时蒸汽压力 MPa
CD	主产物浓度 mol/L	CE	副产物浓度 mol/L

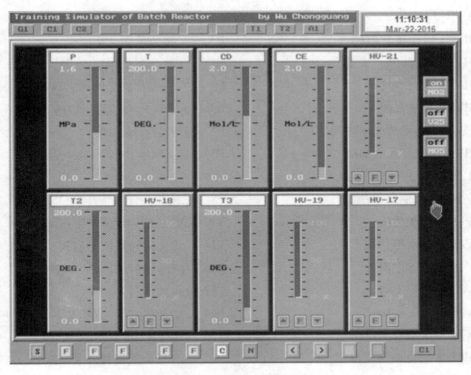

图 5.6.1-2　指示控制画面之一

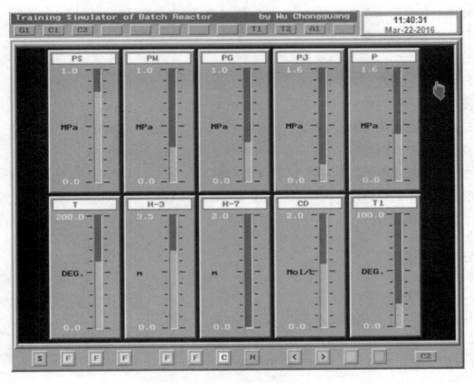

图 5.6.1-3　指示控制画面之二

3. 手操器

HV-1 液态硫化碱阀　　　　　　　　HV-2　液态硫阀

HV-3 水阀　　　　　　　　　　　　HV-4　蒸汽加热阀

HV-5 压缩空气阀　　　　　　　　　HV-7　邻硝基氯苯储罐出口阀

HV-9 自来水阀　　　　　　　　　　HV-10 二硫化碳储罐出口阀

HV-17 夹套蒸汽加热阀　　　　　　　HV-18 夹套水冷却阀

HV-19 蛇管水冷却阀　　　　　　　　HV-21 反应釜放空阀

4. 开关与快开阀门

V6 邻氯苯储罐泄压阀　　　　　　　V8　二硫化碳储罐泄压阀

V11 蒸汽预热阀　　　　　　　　　　V12 邻硝基氯苯计量槽下料阀

V13 自来水冷却阀　　　　　　　　　V14 二硫化碳计量槽下料阀

V15 反应釜进料阀　　　　　　　　　V16 反应釜进料阀

V20 反应釜出料阀　　　　　　　　　V22 蒸汽预热阀

V23 蒸汽压料阀　　　　　　　　　　V24 反应釜蒸汽清洗阀

V25 高压水泵出口阀　　　　　　　　V26 反应釜安全阀

M01 多硫化钠反应器搅拌开关　　　　M02 缩合反应釜搅拌开关

M03 沉淀槽进料(多硫化钠)泵开关　　M04 缩合反应釜进料(多硫化钠)泵开关

M05 高压冷却水泵开关　　　　　　　FTG 事故通管开关

FBL 事故补料开关

5. 报警限说明

反应温度超高高限紧急报警　　　　$T > 160$　　　℃　　　(>HH)

反应压力高限报警　　　　　　　　$P > 0.8$　　　MPa　　(H)

反应压力高高限报警　　　　　　　$P > 1.2$　　　MPa　　(HH)

反应釜液位高限报警　　　　　　　$H-3 > 2.7$　　m　　　(H)

多硫化钠反应温度高限报警　　　　$T1 > 85$　　　℃　　　(H)

邻硝基氯苯储罐液位　　　　　　　$H-4 < 1.2$　　m　　　(L)

二硫化碳储罐液位　　　　　　　　$H-6 < 1.3$　　m　　　(L)

三、操作说明

1. 准备工作

检查各开关、手动阀门是否关闭,若为开启状态,请关闭。

2. 多硫化钠制备

(1)打开硫化碱阀 HV-1,向多硫化钠制备反应器 R1 注入硫化碱,使液位 H-1 升至 0.4 m,关闭阀 HV-1。

（2）打开熔融硫阀 HV-2,向多硫化钠制备反应器 R1 注入硫磺,液位 H-1 升至 0.8 m,关闭 HV-2。

（3）打开水阀 HV-3,使多硫化钠制备反应器 R1 液位 H-1 升至 1.2 m,关闭 HV-3。

（4）开启多硫化钠制备反应器搅拌电机 M1 开关 M01。

（5）打开多硫化钠制备反应器 R1 蒸汽加热阀 HV-4,使温度 T1 上升至 81~84 ℃（升温需要一定时间,可利用此时间差完成其他操作）。保持搅拌 5 min(实际为 3 h)。注意:当反应温度 T1 超过 85 ℃时将使副反应加强,此种情况会报警扣分。

（6）开启多硫化钠输送泵 M3 的电机开关 M03,将多硫化钠料液全部打入沉淀槽 F1,静置 5 min(实际为 4 h)备用。

3. 邻硝基氯苯计量备料

（1）检查并确认通大气泄压阀 V6 是否关闭。

（2）检查并确认邻硝基氯苯计量槽 F4 下料阀 V12 是否关闭。

（3）打开上料阀 HV-7。

（4）开启并调整压缩空气进气阀 HV-5。观察邻硝基氯苯计量槽 F4 液位 H-5 逐渐上升,且邻硝基氯苯储罐液位 H-4 略有下降,直至计量槽液位 H-5 达到 1.2 m。由于计量槽装有溢流管,液位一旦达到此高度将不再上升。但如果不及时关闭 HV-7,则储罐液位 H-4 会继续下降。注意:储罐液位下降过多,将被认为操作失误而扣分。

（5）压料完毕,关闭 HV-7 及 HV-5。打开泄压阀 V6。如果忘记打开 V6,会被认为操作失误而扣分。

4. 二硫化碳计量备料

（1）检查并确认通水池的泄压阀 V8 是否关闭。

（2）检查并确认二硫化碳计量槽 F5 下料阀 V14 是否关闭。

（3）打开上料阀 HV-10。

（4）开启并调整自来水阀 HV-9,使二硫化碳计量槽 F5 液位 H-7 上升。此时二硫化碳储罐液位 H-6 略有下降。直至计量槽液位 H-7 达到 1.4 m。由于计量槽装有溢流管,液位将不再上升。但若不及时关闭 HV-10,则储罐液位 H-6 会继续下降,此种情况会被认为操作失误而扣分。

（5）压料完毕,关闭阀门 HV-10 及 HV-9。打开泄压阀 V8。如果忘记打开 V8 则会被认为操作失误而扣分。

5. 向缩合反应釜加入三种物料

（1）检查并确认反应釜 R2 放空阀 HV-21 是否开启,即开启 V21,否则会引起计量槽下料不畅。

（2）检查并确认反应釜 R2 进料阀 V15 是否打开,即全开 V15。

（3）打开管道冷却水阀 V13 约 5 s,使下料管冷却后关闭 V13。

（4）打开二硫化碳计量槽 F5 下料阀 V14，观察计量槽液位因高位势差下降，直至液位下降至 0.0 m，即关闭 V14。

（5）再次开启冷却水阀 V13 约 5 s，将管道中残余的二硫化碳冲洗入反应釜，关 V13。

（6）开启管路蒸汽加热阀 V11 约 5 s，使下料管预热，关闭 V11。

（7）打开邻硝基氯苯计量槽 F4 的下料阀 V12，观察液位指示仪，当液位 H-5 下降至 0.0 m 时，即关 V12。

（8）再次开启管路蒸汽加热阀 V11 约 5 s。将管道中残余的邻硝基氯苯冲洗干净，即关闭 V11。关闭阀 V15，全关反应釜 R2 放空阀 HV-21。

（9）检查并确认反应釜 R2 的进料阀 V16 是否开启，即开启 V16。

（10）启动多硫化钠输送泵 M4 电机开关 M04，将沉淀槽 F1 静置后的料液打入反应釜 R2。注意反应釜的最终液位 H-3 大于 2.41 m 时，必须及时关泵，否则反应釜液位 H-3 会继续上升，当大于 2.7 m 时将引起液位超限报警扣分。

（11）当反应釜的最终液位 H-3 小于 2.4 m 时，必须补加多硫化钠直至合格，否则软件设定不反应。

6. 缩合反应操作

本部分难度较大，能够训练学员的分析能力、决策能力和应变能力。需通过多次反应操作，并根据亲身体验到的间歇反应过程动力学特性，总结出最佳操作方法。

（1）认真且迅速检查并确认放空阀 HV-21，进料阀 V15、V16，出料阀 V20 是否关闭。

（2）开启反应釜 R2 搅拌电机 M02，观察到釜内温度 T 已经略有上升。

（3）适当打开夹套蒸汽加热阀 HV-17，观察反应釜内温度 T 逐渐上升。注意加热量的调节应使温度上升速度适中。加热速率过猛会使反应后续的剧烈阶段失控而产生超压事故。加热速率过慢会使反应停留在低温压，副反应会加强，影响主产物产率。反应釜温度和压力是确保反应安全的关键参数，所以必须根据温度和压力的变化来控制反应的速率。

（4）当温度 T 上升至 45 ℃左右时应停止加热，关闭夹套蒸汽加热阀 HV-17。反应此时已被深度诱发，并逐渐靠自身反应的放热效应不断加快反应速度。

（5）操作者应根据具体情况，主要是根据反应釜温度 T 上升的速率，在 0.10 ～ 0.20 ℃/s 以内，当反应釜温度 T 上升至 65 ℃左右（釜压 0.18 MPa 左右）时，间断小量开启夹套冷却水阀门 HV-18 及蛇管冷却水阀门 HV-19，控制反应釜的温度和压力上升速度，提前预防系统超压。在此特别需要指出的是：开启 HV-18 和 HV-19 的同时，应当观察夹套冷却水出口温度 T2 和蛇管冷却水出口温度 T3 不得低于 60 ℃。如果低于 60 ℃，反应物产物中的硫黄（副产物之一）将会在夹套内壁和蛇管传热面上结晶，增大热阻，影响传热，因而大大影响冷却控制作用。特别是当反应釜温度还不足够高时更易发生此种现象。反应釜温度大约在 90 ℃（釜压 0.34 MPa 左右）以下副反应速率大于主反应速率，反应釜温度大约在 90 ℃以上主反应速率大于副反应速率。

（6）反应预计在 95～110 ℃（或釜压 0.41～0.55 MPa）进入剧烈难控的阶段。学员应充分集中精力并加强对 HV-18 和 HV-19 的调节。这一阶段学员既要大胆升压，又要谨慎小心防止超压。为使主反应充分进行，并尽量减弱副反应，应使反应温度维持在 121 ℃（或压力维持在 0.69 MPa 左右）。但压力维持过高，一旦超过 0.8 MPa（反应温度超过 128 ℃），将会报警扣分。

（7）如果反应釜压力 P 上升过快，已将 HV-18 和 HV-19 开到最大，仍压制不住压力的上升，可迅速打开高压水阀门 V25 及高压水泵电机开关 M05，进行强制冷却。

（8）如果开启高压水泵后仍无法压制反应，当压力继续上升至 0.83 MPa（反应温度超过 130 ℃）以上时，应立刻关闭反应釜 R2 搅拌电机 M2。此时物料会因密度不同而分层，反应速度会减缓。如果强制冷却及停止搅拌奏效，一旦压力出现下降趋势，应关闭 V25 及高压水泵开关 M05，同时开启反应釜搅拌电机开关 M02。

（9）如果操作不按规程进行，特别是前期加热速率过猛，加热时间过长，冷却又不及时，反应可能进入无法控制的状态。即使采取了第（7）（8）项措施还控制不住反应压力，当压力超过 1.20 MPa 已属危险超压状态，将会再次报警扣分。此时应迅速打开放空阀 HV-21，强行泄放反应釜压力。由于打开放空阀会使部分二硫化碳蒸气散失（当然也污染大气），所以压力一旦有所下降，应立刻关闭 HV-21。若关闭阀 HV-21 后压力仍上升，可反复数次。需要指出，二硫化碳的散失会直接影响主产物产率。

（10）如果第（7）（8）（9）三种应急措施都不能见效，反应器压力超过 1.60 MPa，将被认定为反应器爆炸事故。此时紧急事故报警闪光，仿真软件处于冻结状态。成绩为零分。

7. 反应保温阶段

如果控制合适，反应历经剧烈阶段之后，压力 P、温度 T 会迅速下降。此时应逐步关小冷却水阀 HV-18 和 HV-19，使反应釜温度保持在 120 ℃（压力保持在 0.68～0.70 MPa），不断调整直至全部关闭掉 HV-18 和 HV-19。当关闭 HV-18 和 HV-19 后压力下降时，可适当打开夹套蒸汽加热阀 HV-17，仔细调整，使反应釜温度始终保持在 120 ℃（压力保持在 0.68～0.70 MPa）5～10 min（实际为 2～3 h）。保温之目的在于使反应尽可能充分地进行，以便达到尽可能高的主产物产率。此刻是观看开车成绩的最佳时刻。教师可参考记录曲线综合评价学员开车水平。

8. 出料及清洗反应器

完成保温后，即可进入出料及反应釜清洗阶段。

（1）首先打开放空阀 HV-21 约 10 s（实际为 2～5 min），放掉釜内残存的可燃气体及硫化氢。

（2）关闭放空阀 HV-21。打开出料增压蒸汽阀 V23，使釜内压力升至 0.79 MPa

以上。

（3）打开出料管预热阀 V22 及 V24 约 10 s（实际为 2～5 min）。关闭 V22 及 V24。

（4）立即打开出料阀 V20，观察反应釜液位 H-3 逐渐下降，但釜内压力不变。当液位 H-3 下降至 0.09 m 时，压力开始迅速下降到 0.44 MPa 左右，保持 10 s 充分吹洗反应釜及出料管。

（5）关闭出料管 V20 及蒸汽增压阀 V23。

（6）打开蒸汽阀 V24 及放空阀 HV-21，吹洗反应釜 10 s（实际为 2～5 min）。关闭阀门 V24。至此全部反应岗位操作完毕，可进入操作下一批反应的准备工作。

四、事故设置及排除

为了训练学员在事故状态下的应变及正确处理能力，本仿真软件可以随机设定 5 种常见事故的状态，每次设定其中的任一个。由于间歇过程不存在正常工况，事故应在开车前设置。5 种事故的现象、排除方法和合格标准分述如下。

1. 压力表堵故障（F2）

事故现象：由于产物中有硫黄析出，压力表测压管口堵塞的事故时有发生。其现象是无论反应如何进行，压力指示 P 不变。此时如果学员不能及时发现，一直加热，会导致超压事故。

排除方法：发现压力表堵后，应立即转变为以反应釜温度 T 为主参数控制反应的进行。几个关键反应阶段的参考数据如下。

①升温至 45～55 ℃应停止加热。

②65～75 ℃开始冷却。

③反应剧烈阶段维持在 115 ℃左右。

④反应温度高大于 128 ℃相当于压力超过 0.8 MPa，已处于事故状态。

⑤反应温度高大于 150 ℃相当于压力超过 1.20 MPa。

⑥反应温度高大于 160 ℃相当于压力超过 1.50 MPa，已接近爆炸事故。

合格标准：按常规反应标准记分。

2. 无邻硝基氯苯（F3）

事故现象：由于液位计失灵或邻硝基氯苯储罐中料液已压空，而错压了混有铁锈的水，从颜色上很难同邻硝基氯苯区分。这种故障在现场时有发生。主要现象将在反应过程中表现出来。由于反应釜中的二硫化碳只要加热，压力就迅速上升，一旦冷却，压力立即下降。反应釜中并无任何反应进行。

排除方法：根据现象确认反应釜无邻硝基氯苯后，首先开大冷却水量，使反应釜内温度下降至25 ℃以下。在现场必须重新取样分析，确定补料量及补料措施后重新开车。在仿真培训器上为了提高培训效率，只需按动"补料处理"键 FBL，即可重新开始反应。

合格标准:学员必须能够及时发现事故,并判断反应釜内无邻硝基氯苯,立刻采取降温措施,停搅拌,按动"补料处理"键 FBL,再按常规情况重新完成反应为合格。

3. 无二硫化碳(F4)

事故现象:由于液位计失灵或操作失误把水当成料液,使反应釜中无二硫化碳。此时仅有副反应单独进行,温度上升很快,反应也十分剧烈。但由于没有二硫化碳,反应压力不会大幅度上升,即使反应温度超过 160 ℃,压力也不会超过 0.7 MPa。

排除方法:确认反应釜无二硫化碳后,首先开大冷却水量,使反应釜内温度下降至 25 ℃以下(省去现场取样分析)。停搅拌,按动"补料处理"键 FBL,就可以重新按常规方法开车反应。

合格标准:学员必须能够及时发现事故,并判断反应釜内无二硫化碳。立刻采取降温措施,停止搅拌,按动"补料处理"键 FBL,再按常规情况重新完成反应为合格。

4. 出料管堵(F5)

事故现象:由于产物中有硫黄析出,如果出料阀门漏液,或前一次反应出料后没有冲洗干净,或主蒸汽压力过低时出料,则很有可能发生出料管堵故障。其现象是出料时虽然打开了出料阀,反应釜内压力也很高,但反应釜内液位 H-3 不下降。

排除方法:在真实现场,必须沿出料管线检查堵管位置,用高温蒸汽吹扫。如果此法无效,只有拆下被堵管用火烧化硫黄,或更换管段及漏料的阀门。在仿真器上用"通管处理"键 FTG 代表以上检查与处理,即可正常出料。

合格标准:及时发现出料管堵故障,并能立刻按下"通管处理"键 FTG。

5. 出料压力低(F6)

事故现象:当全厂蒸汽用户满负荷时,常出现主蒸汽压力不足的情况。正常时主蒸汽压力为 0.8 MPa,如果降至 0.3 MPa 就无法靠蒸汽压把料液全部压出反应釜。这也是造成出料管堵塞的重要原因。

排除方法:可以利用反应釜内残余的二硫化碳加热后会产生较高的饱和蒸汽压这一物理现象,靠反应釜内存储的压力出料。采用此方法必须注意,随着反应釜内液位下降,汽化空间逐渐扩大,压力会降低。所以必须使出料前压力足够高,否则会产生出料中途停止的故障。

合格标准:能预先发现主蒸汽压力不足。出料时能利用釜内压力将产品料液全部压出至下道工序。

五、开车评分信息

本软件设有 3 种开车评分信息画面。

1. 简要评分牌

能随时按键盘的 F1 键调出。本评分牌显示当前的开车步骤成绩、开车安全成绩、正常工况质量（设计值）和开车总平均成绩。为有充分的时间了解成绩评定结果，仿真程序处于冻结状态。按键盘的任意键返回。

2. 开车评分记录

能随时按键盘的 Alt+F 键调出。本画面记录了开车步骤的分项得分、工况评分的细节、总报警次数及报警扣分信息。显示本画面时，软件处于冻结状态。按键盘的任意键返回。详见图 5.6.1-4。

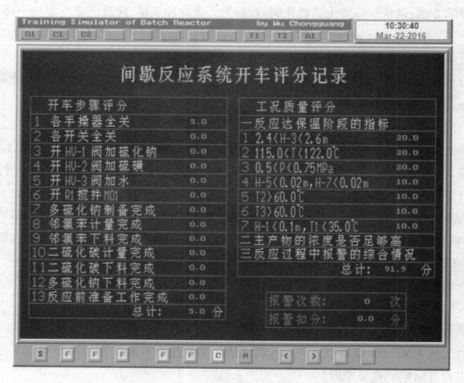

图 5.6.1-4　评分记录

3. 趋势记录

本软件的趋势画面记录了重要变量的历史曲线，可以与评分记录画面配合对开车全过程进行评价。详见图 5.6.1-5。

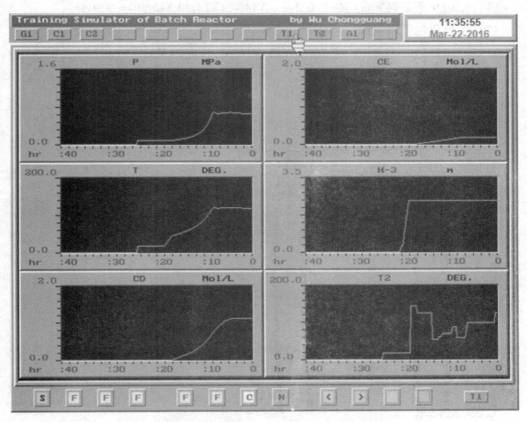

图 5.6.1-5　趋势记录

六、开车评分标准

1. 开车步骤评分要点

(1) 各手操器全关	5 分
(2) 各开关全关	5 分
(3) 开 V1 阀加硫化钠	5 分
(4) 开 V2 阀加硫黄	5 分
(5) 开 V3 阀加水	5 分
(6) 开 R1 搅拌(M01)	15 分
(7) 多硫化钠制备完成(0.9 m<H-1<1.1 m, T1>79 ℃)	20 分
(8) 邻硝基氯苯计量完成(H-5>1.0 m, V12 关, V11 和 V15 开)	5 分
(9) 邻硝基氯苯下料完成(H-5<0.1 m, V12 关, V11 和 V15 开)	4 分
(10) 二硫化碳计量完成(H-7>1.0 m, V14 关, V13 和 V15 开)	5 分

（11）二硫化碳下料完成（H-7<0.1 m，V14 关，V13 和 V15 开）　　4 分

（12）多硫化钠下料完成　　　　　　　　　　　　　　　　　　　　5 分

（13）反应开始前准备工作完成，关 V15、V16 阀，开搅拌 M02，开阀门 V6、V8，关 HV-21　15 分

总计：98 分

2. 正常工况质量评分要点

（1）反应达保温阶段的指标（N1）

① 2.4 < H-3 < 2.6 m　　　　　　　　　　　　　　　　　　　　20 分

② 115< T < 122 ℃　　　　　　　　　　　　　　　　　　　　20 分

③ 0.5 < P < 0.75 MPa　　　　　　　　　　　　　　　　　　　20 分

④ H-5<0.02 m，H-7<0.02 m　　　　　　　　　　　　　　　　10 分

⑤ T2>60 ℃　　　　　　　　　　　　　　　　　　　　　　　10 分

⑥ T3>60 ℃　　　　　　　　　　　　　　　　　　　　　　　10 分

⑦ H-1<0.1 m，T1<35 ℃　　　　　　　　　　　　　　　　　10 分

（2）主产物的浓度是否足够高（N2）

（3）反应过程中的报警综合情况（N3）

质量总分=f（N1，N2，N3）

七、实验记录

1. 要求在最佳工况时记录实验数据：

T：_____；P：_____；$H-3$：_____。

2. 记录成绩：

开车步骤成绩：_____。

工况质量成绩：_____。

安全成绩：_____。

平均成绩：_____。

实验 5.6.2　两釜串联连续法进行丙烯聚合反应的工业过程仿真实验

一、工艺流程简介

连续带搅拌的釜式反应器（CSTR）是化工过程中常见的单元操作。丙烯聚合过程是典型的连续反应。丙烯，常温下为无色、稍带有甜味的气体；分子量 42.08，密度 0.5139 g/cm³（20 ℃），冰点-185.3 ℃，沸点-47.4 ℃；它稍有麻醉性，在 815 ℃、

101.325 kPa下全部分解;易燃,爆炸极限为2%~11%;不溶于水,溶于有机溶剂,是一种属低毒类物质。如流程图5.6.2-1所示,丙烯聚合过程采用了两釜并联进料串联反应的流程。聚合反应是在己烷溶剂中进行的,故称溶剂淤浆法聚合。溶剂淤浆法是指将单体溶于适当溶剂中,加入引发剂(或催化剂)在溶液状态下进行,形成的聚合物不溶于溶剂而以淤浆形式存在的聚合方法。首釜D-201设有夹套冷却水散热及汽化散热。汽化后的气体经冷却器E-201进入D-207罐。D-207罐上部汽化空间的含氢(分子量调节剂)的未凝气通过鼓风机C-201经插入釜底的气体循环管返回首釜,形成丙烯气体压缩制冷回路。第二釜D-202采用夹套冷却和浆液釜外循环散热。

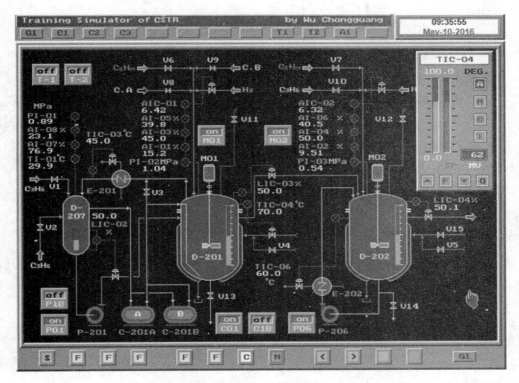

图5.6.2-1　流程图画面

工艺流程简介如下:新鲜丙烯进料经阀门V1进入储罐D-207。后续工段回收的循环丙烯经阀门V2进入储罐D-207,再经泵P-201打入釜D-201。己烷经过阀门V6和V7分别进入釜D-201和D-202。首釜由阀门V8与V9分别加入催化剂A和活化剂B。汽相丙烯经阀门V10进入釜D-202作为补充进料。少量的氢气通过调节阀进入两釜,分别用于控制聚丙烯熔融指数。熔融指数表征了聚丙烯的分子量分布。熔融指数是一种表示塑胶材料加工时的流动性的数值。它是一种鉴定塑料特性的方法,其测试方法是先让塑料粒在一定时间(10 min)内、一定温度及压力(各种材料标准不同下),融化成塑料流体,然后通过一直径为 2.095 mm 的圆管所流出的数量(g)。其值越大,表示该塑胶材料的加工流动性越佳,反之则越差。

首釜的主要操作点:超压或停车时使用的放空阀 V11,釜底泄料阀 V13,夹套加热热水阀 V4,搅拌电机开关 M01,气体循环冷却手动调整旁路阀 V3,鼓风机开关 C01(备用鼓风机开关 C1B)。

第二釜的主要操作点:超压或停车时使用的放空阀 V12,釜底泄料阀 V14,夹套加热热水阀 V5,夹套冷却水阀 V15,搅拌电机开关 M02,浆液循环泵电机开关 P06。

储罐 D-207 的主要操作点:丙烯进料阀 V1,循环液相回收丙烯进料阀 V2,丙烯输出泵 P-201 开关 P01(备用泵开关 P1B)。

二、控制系统简介

首釜的控制点:LIC-03 浆液液位调节器(反作用),调节阀位于釜底出料管线上。TIC-03 气体循环冷却器 E-201 出口温度调节器(反作用),调节阀位于冷却水出口管线上。TIC-04 釜温调节器(反作用),调节阀位于夹套冷却水入口管线上。AIC-01 聚丙烯熔融指数调节器(正作用),调节阀位于釜顶氢气入口管线上。

第二釜的控制点:LIC-04 浆液液位调节器(反作用),调节阀位于釜底出料管线上。TIC-06 釜温调节器(反作用),调节阀位于冷却器 E-202 冷却水出口管线上,通过冷却循环浆液控制釜温。AIC-02 聚丙烯熔融指数调节器(正作用),调节阀位于釜顶氢气入口管线上。

储罐 D-207 的控制点:LIC-02 液位调节器(反作用),调节阀位于泵 P-201 出口管线上。

三、主要画面说明

图 5.6.2-1、图 5.6.2-2、图 5.6.2-3 和图 5.6.2-4 中的指示仪表、调节器、手操器和开关说明如下。

1. 指示仪表

PI-01 储罐 D-207 压力(0~2 MPa)　　　PI-02 釜 D-201 压力(0~2 MPa)

PI-03 釜 D-202 压力(0~2 MPa)　　　AI-01 釜 D-201 丙烯浓度(0~100%)

AI-02 釜 D-202 丙烯浓度(0~100%)　　　AI-03 釜 D-201 己烷浓度(0~100%)

AI-04 釜 D-202 己烷浓度(0~100%)　　　AI-05 釜 D-201 聚丙烯浓度(0~100%)

AI-06 釜 D-202 聚丙烯浓度(0~100%)　　　AI-07 储罐 D-207 丙烯浓度(0~100%)

AI-08 储罐 D-207 己烷浓度(0~100%)　　　TI-01 储罐 D-207 温度(0~100 ℃)

2. 调节器(见控制系统简介)

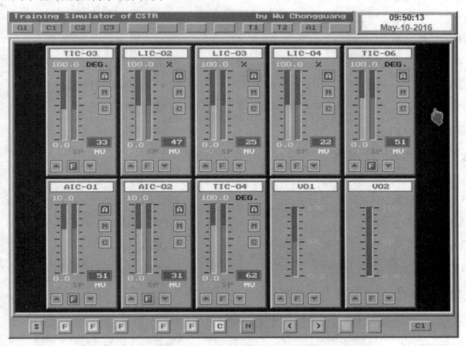

图 5.6.2-2　控制组画面

3. 手操器

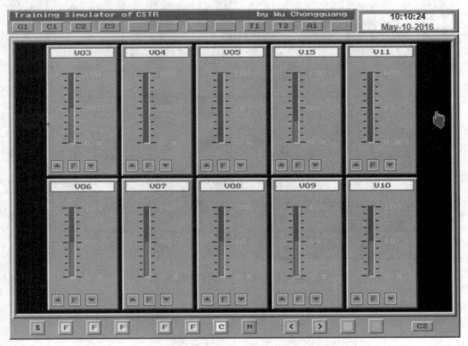

图 5.6.2-3　手操器画面

V01 丙烯进料阀   V02 循环丙烯进料阀

V03 压缩机出口气循环量调整阀   V04 首釜夹套热水阀

V05 二釜夹套热水阀   V06 首釜己烷进料阀

V07 二釜己烷进料阀   V08 首釜催化剂 A 进料阀

V09 首釜催化剂 B 进料阀   V10 二釜汽相丙烯进料阀

V11 首釜放空阀   V12 二釜放空阀

V13 首釜泄料阀   V14 二釜泄料阀

V15 二釜夹套冷却水阀

4. 开关

P01 首釜液相丙烯进料泵开关   PIB 首釜液相丙烯进料备用泵开关

C01 压缩机开关   C1B 备用压缩机开关

P06 二釜浆液循环泵开关   MO1 首釜搅拌电机开关

MO2 二釜搅拌电机开关   T-1 首釜事故通管处理开关

T-2 二釜事故通管处理开关

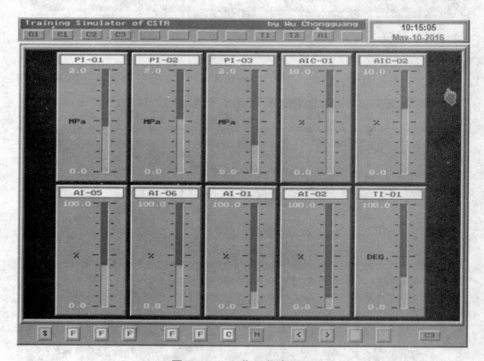

图 5.6.2-4 指示仪表画面

5. 报警限说明

LIC-03   D-201 液位高限报警>80 %   （H）

LIC-03   D-201 液位低限报警<30 %   （L）

LIC-04　D-202 液位高限报警>90　%　　（H）

LIC-04　D-202 液位低限报警<30　%　　（L）

LIC-02　D-207 液位高限报警>70　%　　（H）

LIC-02　D-207 液位低限报警<30　%　　（L）

PI-02　　D-201 压力高限报警>1.2 MPa　（H）

PI-03　　D-202 压力高限报警>0.8 MPa　（H）

TI-01　　D-207 温度高限报警>40　℃　　（H）

TIC-04　D-201 温度高限报警>75　℃　　（H）

TIC-04　D-201 温度低限报警<65　℃　　（L）

TIC-06　D-202 温度高限报警>65　℃　　（H）

TIC-06　D-202 温度高限报警<55　℃　　（L）

AI-05　　D-201 聚丙烯浓度高限报警>50　%　（H）

AI-06　　D-202 聚丙烯浓度高限报警>50　%　（H）

四、工艺操作说明

为了方便操作,本仿真软件假定所有的加料阀门都具有调节阀的精度,因此阀门的开度反映了相对流量。各物流的流量数值不在流程图上显示。

1. 冷态开车参考步骤

（1）检查所有阀门处于关闭状态,各泵、搅拌和压缩机处于停机状态。

（2）开己烷进口阀 V6,开度 50%,向第一釜 D-201 充己烷。当液位达 50% 时,将调节器 LIC-03 投自动。

（3）开己烷进口阀 V7,开度 50%,向第二釜 D-202 充己烷。当液位达 50% 时,将调节器 LIC-04 投自动。

（4）开丙烯进料阀 V1,向储罐 D-207 充丙烯。当液位达 50% 时,开泵 P-201,将调节器 LIC-02 投自动。

（5）开鼓风机 C-201A,即开 C01。全开手操阀门 V3,使丙烯气走旁路而暂不进入反应釜。手动打开 TIC-03 输出约 30%,使冷却器 E-201 预先工作。

（6）开釜 D-201 搅拌 M01。开催化剂阀 V8 和 V9,开度各 50%。调整夹套热水阀 V4,使釜温上升至 45~55 ℃诱发反应。关热水阀后,只要釜温继续上升,说明第一釜的反应已被诱发。此时反应放热逐渐加强,必须通过夹套冷却水系统,即手动开 TIC-04 输出向夹套送冷却水。逐渐关旁路阀 V3 加大气体循环冷却流量,控制釜温,防止超温、超压及“暴聚”事故。将温度调节器 TIC-04 设定为(70±1) ℃,投自动。

如果加热诱发反应过度,开大冷却量仍无法控制温度,应超前于温度不大于 90 ℃时暂停搅拌,或适当减小催化剂量等方法及早处理。一旦釜温大于等于 100 ℃,软件认定为"暴聚"事故,只能重新开车。

如果加热诱发反应不足,只要一关热水阀 V4,釜温 TIC-04 就下降,则应继续开 V4 强制升温。若强制升温还不能奏效,应检查是否在升温的同时错开了气体循环冷却系统或 TIC-04 有手动输出冷却水流量。必须全关所有冷却系统,甚至开大催化剂流量直到反应诱发成功。

(7)开釜 D-202 搅拌 M02。开汽相丙烯补料阀 V10,开度为 50%。在釜 D-201 反应的同时必须随时关注第二釜的釜温。因为第一釜的反应热会通过物料带到第二釜,有可能在第二釜即使没有用热水加热诱发反应,也能使反应发生。正常情况需调整夹套热水阀 V5 使釜温上升至 40~50 ℃诱发反应。如前所述,由于首釜的浆液进入第二釜带来热量会导致釜温上升,因此要防止过量加热。关热水阀后只要釜温继续上升,说明第二釜的反应已被诱发。同时反应放热逐渐加强,必须通过夹套冷却水系统,即开夹套冷却水阀 V15 和浆液循环冷却系统,即开泵 P-206 电机开关 P06,手动开 TIC-06 输出控制釜温,防止超温、超压及"暴聚"事故。将温度调节器 TIC-06 设定在(60±1) ℃,投自动。

与第一釜相同,如果加热诱发反应过度,开大冷却量仍无法控制温度,应超前于温度不大于 90 ℃时暂停搅拌,或适当减小催化剂流量等方法及早处理。一旦釜温大于等于 100 ℃,软件认定为"暴聚"事故。只能重新开车。

如果加热诱发反应不足,只要一关热水阀 V5 釜温 TIC-06 就下降,则应继续开 V5 强制升温。若强制升温还不能奏效,应检查是否在升温的同时错开了浆液循环冷却系统或 V15 有手动输出冷却水流量。必须全关所有冷却系统,甚至开大催化剂流量直到反应诱发成功。

(8)等两釜温度控制稳定后,手动调整 AIC-01 向首釜加入氢气,使熔融指数达 6.5 左右,投自动。

(9)在调整 AIC-01 的同时,手动调整 AIC-02 向第二釜加入氢气,使熔融指数达 6.5 左右,投自动。

(10)开循环液相丙烯阀 V2(25%),适当关小阀 V1(25%),应使丙烯进料总量保持不变。

(11)微调各手动阀门及调节器,使本反应系统达到如下正常设计工况。

PI-01 储罐 D-207 压力 0.95 MPa

PI-02 釜 D-201 压力 1.0 MPa

PI-03 釜 D-202 压力 0.5 MPa

AI-01 釜 D-201 丙烯浓度 15 %

AI-02 釜 D-202 丙烯浓度 10 %

AI-03 釜 D-201 己烷浓度 45 %

AI-04 釜 D-202 己烷浓度 50 %

AI-05 釜 D-201 聚丙烯浓度 40 %

AI-06 釜 D-202 聚丙烯浓度 40 %

AI-07 储罐 D-207 丙烯浓度 70 %

AI-08 储罐 D-207 己烷浓度 30 %

AIC-01 釜 D-201 熔融指数 6.5

AIC-02 釜 D-202 熔融指数 6.5

TI-01 储罐 D-207 温度 35 ℃

TIC-03 冷却器 E-201 出口温度 45 ℃

TIC-04 釜 D-201 温度 70 ℃

TIC-06 釜 D-202 温度 60 ℃

LIC-02 储罐 D-207 液位 50 %

LIC-03 釜 D-201 液位 50 %

LIC-04 釜 D-202 液位 50 %

2. 停车参考步骤

(1) 关 D-202 汽相丙烯加料阀 V10。

(2) 关 A、B 催化剂阀 V8、V9。

(3) 关丙烯进料阀 V1。

(4) 关循环液相丙烯阀 V2。

(5) 关 D-201 加己烷阀 V6。

(6) 关 D-202 加己烷阀 V7。

(7) 开 D-201 放空阀 V11。

(8) 开 D-202 放空阀 V12。

(9) 开 D-201 泄液阀 V13。

(10) 开 D-202 泄液阀 V14。

(11) 将调节器 TIC-04 置手动全开。

(12) 将调节器 TIC-06 置手动全开。

(13) 将调节器 TIC-03 置手动全开。

(14) 将调节器 LIC-02 置手动全开。

(15) 将调节器 LIC-03 置手动全开。

(16) 将调节器 LIC-04 置手动全关。

(17) 将调节器 AIC-01 置手动全关。

(18) 将调节器 AIC-02 置手动全关。

(19) 关泵 P-201。

(20) 关泵 P-206。

（21）关 D-201 搅拌。

（22）关 D-202 搅拌。

（23）将 D-201、D-202 和 D-207 的液位降至零。

（24）关气体循环阀 V3。

（25）关压缩机 C-201。

五、事故设置及排除

1. 催化剂浓度降低（F2）

事故现象：开始时 D-201 釜温有所下降，由于温度控制 TIC-04 的作用，冷却量自动减少，温度回升，最终使聚丙烯浓度有所下降，导致第二釜也有相同现象。

处理方法：适当开大 A、B 催化剂量。

合格标准：使两釜聚丙烯浓度合格。

2. 催化剂进料增加（F3）

事故现象：开始时 D-201 釜温有所上升，由于温度控制 TIC-04 的作用，冷却量自动加大，温度回落，最终使聚丙烯浓度有所上升，导致第二釜也有相同现象。

处理方法：适当关小 A、B 催化剂量。

合格标准：使两釜聚丙烯浓度合格。

3. D-201 出料阀堵塞（F4）

事故现象：D-201 中液位上升。LIC-03 的输出自动开大，但无法阻止液位继续升高。

处理方法：开 T-1 开关。

合格标准：LIC-03 自动回落，表示已经通堵。

4. D-202 出料阀堵塞（F5）

事故现象：D-202 中液位上升。LIC-04 的输出自动开大，但无法阻止液位继续升高。

处理方法：开 T-2 开关。

合格标准：LIC-04 自动回落，表示已经通堵。

5. 泵 P-201 停止运转（F6）

事故现象：D-207 中液位上升。由于丙烯原料被切断，第一釜丙烯和聚丙烯浓度同时下降。

处理方法：开备用泵 P1B 开关，表示备用泵运转。

合格标准：使两釜工况恢复正常。

六、开车评分信息

如图 5.6.2-5,本软件设有 3 种开车评分信息画面。

1. 简要评分牌　能随时按键盘的 F1 键调出。

2. 开车评分记录　能随时按键盘的 Alt+F 键调出。

3. 趋势画面　本软件的趋势画面记录了重要变量的历史曲线,可以与评分记录画面配合对开车全过程进行评价。

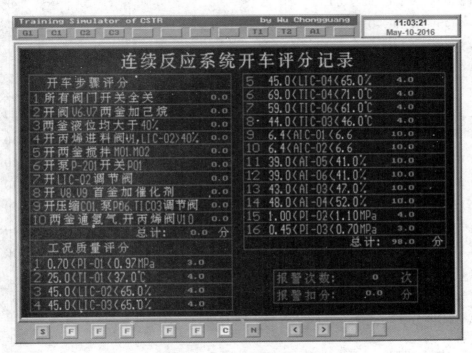

图 5.6.2-5　开车评分记录画面

七、开车评分标准

1. 开车步骤评分要点

(1)所有阀门关闭。　　　　　　　　　　　　　　　　　　　　　　9 分

(2)两釜加已烷,即开 V6 和 V7。　　　　　　　　　　　　　　　9 分

(3)两釜液位均大于40%。　　　　　　　　　　　　　　　　　　10 分

(4)开丙烯进料阀 V1,D-207 液位大于40%。　　　　　　　　　10 分

(5)开两釜搅拌 M01 和 M02。　　　　　　　　　　　　　　　　10 分

(6)开泵 P-201。　　　　　　　　　　　　　　　　　　　　　　10 分

(7)开 LIC-02 调节阀。　　　　　　　　　　　　　　　　　　　10 分

（8）首釜加催化剂,开 V8 和 V9。　　　　　　　　　　　　　　　　10 分

（9）开压缩机开关 C01,开泵开关 P06,开 TIC-03 调节阀。　　　　　10 分

（10）两釜进氢气,开 AIC-01 调节阀,开 AIC-02 调节阀,开丙烯阀 V10。　10 分

总计:98 分

2. 正常工况质量评分要点

（1）0.70< PI-01 < 0.97　MPa　　　　　　　　　　　　　　　　　3 分

（2）25< TI-01 < 37 ℃　　　　　　　　　　　　　　　　　　　　4 分

（3）45% < LIC-02 < 65%　　　　　　　　　　　　　　　　　　　4 分

（4）45% < LIC-03 < 65%　　　　　　　　　　　　　　　　　　　4 分

（5）45% < LIC-04 < 65%　　　　　　　　　　　　　　　　　　　4 分

（6）69 < TIC-04 < 71 ℃　　　　　　　　　　　　　　　　　　　4 分

（7）59 < TIC-06 < 61 ℃　　　　　　　　　　　　　　　　　　　4 分

（8）44 < TIC-03 < 46 ℃　　　　　　　　　　　　　　　　　　　4 分

（9）6.4 < AIC-01 < 6.6　　　　　　　　　　　　　　　　　　　　10 分

（10）6.4 < AIC-02 < 6.6　　　　　　　　　　　　　　　　　　　10 分

（11）39% < AI-05 < 41%　　　　　　　　　　　　　　　　　　　10 分

（12）39% < AI-06 < 41%　　　　　　　　　　　　　　　　　　　10 分

（13）43% < AI-03 < 47%　　　　　　　　　　　　　　　　　　　10 分

（14）48% < AI-04 < 52%　　　　　　　　　　　　　　　　　　　10 分

（15）1.0 < PI-02 < 1.1　　　　MPa　　　　　　　　　　　　　　　4 分

（16）0.45 < PI-03 < 0.7　　　　MPa　　　　　　　　　　　　　　3 分

总计:98 分

八、实验记录

在最佳工况时记录:

（1）实验数据记录

LIC-02	LIC-03	LIC-04	TIC-04	TIC-06	TIC-03	AIC-01	AIC-02

（2）开车成绩记录

开车步骤成绩:

工况质量成绩:

安全成绩:

平均成绩:

第6章 工艺专业实验

　　化学工程与技术是建立在生产和科学实验基础上的一门学科,它不仅有完整的理论体系,而且具有一些独特的实验研究方法。专业实验是一门综合性的、技术要求较高的实践性课程,面向本科生开设进行实验技能和实验测试与开发方面的实践训练课程,培养学生的实际动手技术技能及解决工程实际问题的能力,建立工业与工程观念,提高综合素质。每个实验都代表着本专业的特点,体现了本学科科学研究和工程技术发展的前沿。随着科学的发展、新技术的不断涌现和应用,专业实验课程内容也在不断改进和完善。

　　本课程为化学工程与工艺专业本科生必修实验,主要面向四年级本科生开设,共36学时,1.5学分。

1. 课程性质、目的和任务

　　化学工程与工艺专业实验是高校化学工程与工艺专业的重要实验课程。这门实验课程对提高化学工程与工艺专业学生的实践能力、工程能力和理论联系实际能力等有很重要的作用。这是在学习完"三传一反"专业主干课后,以化工生产中工程与工艺两个出发点为主要学习依据的专业必修课程,学习本课程的目的是对化工工艺或化工过程开发中存在的共性问题进行解决与探讨。了解化工相关行业和科学技术的前沿发展趋势、工作环境、相关国家法律法规;了解经典化工过程的特点和工艺;掌握化工常用实验装置和仪器使用方法;具备绿色环保可持续发展的意识、创新意识和能力,研发新技术、新产品的基本素质;能够初步解决工程实践问题。

2. 教学基本要求

　　使学生能根据实验目的,根据对象特征,综合运用专业理论知识,选择研究路线,设计可行的实验方案,选择合适的实验方法和操作方案。讲授专业实验中的安全注意事项,要求学生能根据实验目的和实验方案,搭建合理的实验装置,安全开展实验。能正确采集、整理实验数据,对实验结果进行关联、建模、分析和解释,获取合理有效的结论。

　　本课程采用课堂讲授与实验操作相结合的方式进行。实验操作由学生在教师指导下独立完成。实验前学生要进行预习并写出预习报告,在实验中要掌握仪器、仪表的使用方法。要求学生独立完成操作,记录实验数据并独立完成数据处理、实验报告及结果分析,要求对实验结果进行讨论并得出合理的解释与结论。每实验组不超过4名学生。

3. 教学内容及要求

实验6.1　氨在固定床催化反应器中的分解实验:了解氨分解的反应条件即操作条件对反应结果的影响;了解催化剂的催化特性;学会应用热力学、反应工程和化学工艺学的基础知识分析解决工程实际问题。

实验6.2　乙醇–苯–水系统共沸精馏实验:通过实验加深对共沸精馏过程的理解;熟悉精馏设备的构造,掌握精馏操作方法;能够对精馏过程做全塔物料衡算;学会使用气相色谱仪分析液体组成。

实验6.3　乙酸乙酯皂化反应反应过量比的测定研究实验:学习用某一反应物过量的方法,提高末期反应速率;实验确定乙酸乙酯的过量比;了解间歇反应的操作过程。

实验6.4　中空纤维超过滤膜分离 PVA 研究:熟悉超过滤膜分离的工艺过程;了解膜分离技术特点;培养学生的实验操作技能。

实验6.5　乙苯脱氢制备苯乙烯实验:了解以乙苯为原料,固定床反应器中铁系催化剂催化下制备苯乙烯的过程,理解实验装置的组成,熟悉相关各部分的操作及仪表数据的读取;理解乙苯脱氢的反应机理及操作条件对产物收率的影响,掌握获得稳定操作工艺条件的步骤和方法;了解气相色谱的原理和结构,掌握气相色谱的常规操作和谱图分析方法。

实验6.6　计算机控制多功能连续精馏实验:熟悉精馏的工艺流程,掌握精馏实验的操作方法;了解板式塔的结构,观察塔板回流液状况;测定全回流时的全塔效率;测定不同回流比下塔顶产物 X_D 和塔底产物 X_w 的变化情况。

实验6.7　填料精馏塔理论板数的测定:了解实验室填料塔的结构,学会安装、调试的操作技术;掌握精馏理论,了解精馏操作的影响因素,学会填料塔理论板数测定方法;掌握高纯物质的提纯制备方法。

实验6.8　双氧水催化丙烯环氧化反应:了解以丙烯为原料,在固定床单管反应器制备环氧丙烷的过程,学会设计实验流程和操作;掌握操作条件对产物收率的影响,学会稳定工艺条件的方法;掌握催化剂的填装和使用方法;练习、掌握反应产物分析方法。

实验6.9　萃取精馏实验:熟悉萃取精馏的原理和萃取精馏装置;掌握萃取精馏塔的操作方法和乙醇—水混合物的气相色谱分析法;利用乙二醇为分离剂进行萃取精馏制取无水乙醇;

实验6.10　气体分离膜性能测试开放实验:了解气体分离膜的现状以及今后的应用前景;了解 Pebax 的结构及相关特性,并熟悉 Pebax 膜的制作方法和影响膜性能的相关参数;完成气体分离膜性能的测试,并对实验数据进行处理,分析总结。

4. 课程建设与改革

在实验教学过程中注重激发学生的学习热情和兴趣,采用引导、启发、讨论、讲授多种方式结合的方法,理论与科研的成果和需要结合。部分实验改用仿真实验系统进行。

以达到实验教学要求为目标,拓宽学生的认识,提高学生解决工程问题的能力,适应规模日益扩大且过程日益复杂的现代化工系统对计算机模拟和优化的需求。

5.考核及成绩评定方式

在讲课中检查学生是否预习实验讲义,在实验过程中考察他们的动手能力和解决问题能力,要求他们认真记录和处理数据,完成实验报告并对实验现象进行讨论,对他们进行综合考核和评分。以平时成绩为主。

平时考核:对每个实验的预习情况、操作认真程度、完成情况、实验态度、实验报告等综合评定。

(1)实验预习报告(10%):根据预习报告完成的情况酌情扣分。

(2)实验课的考勤和实验课操作技能(50%):根据操作熟练程度、有无操作失误、解决问题的能力等方面酌情给定成绩。

(3)实验报告的批改和总结(40%):针对学生实验报告的数量和完成情况确定。

实验6.1　氨在固定床催化反应器中的分解实验

一、实验目的

1.了解氨分解的反应条件即操作条件对反应结果的影响。

2.了解催化剂的催化特性。

3.学会应用热力学反应工程和化学工艺学基础知识分析解决工程问题。

二、基本原理

1.合成反应化学平衡常数的计算

氨分解与氨合成互为逆反应。

$$\frac{3}{2}H_2 + \frac{1}{2}N_2 \Longleftrightarrow NH_3 \quad \Delta H_{298}^0 = -46.22 \text{ kJ/mol}$$

$$K_p = \frac{P_{NH_3}^*}{(P_{N_2}^*)^{1/2} \cdot (P_{H_2}^*)^{3/2}} = \frac{1}{P} \frac{y_{NH_3}^*}{(y_{N_2}^*)^{1/2} \cdot (y_{H_2}^*)^{1/2}} \quad (6.1-1)$$

式中:P 为总压(atm)。

$$\lg K_f = \frac{2001.6}{T} - 2.69112\lg T - 5.5193 \times 10^{-5}T + 1.848 \times 10^{-7}T^2 + 2.6899 \quad (6.1-2)$$

K_f 与 K_p 的关系为:

$$K_f = \frac{f_{NH_3}^*}{(f_{N_2}^*)^{1/2} \cdot (f_{H_2}^*)^{3/2}} = \frac{p_{NH_3}^* \gamma_{NH_3}}{(p_{N_2}^* \gamma_{N_2})^{1/2} \cdot (p_{H_2}^* \gamma_{N_2})^{3/2}} = K_p \cdot K_r \qquad (6.1-3)$$

若计算出各组分的逸度系数,便可利用(6.1-2)和(6.1-3)式计算出平衡常数及 $y_{NH_3}^*$。

高压下气体混合物为非理想溶液,因此各组分的 γ 值不仅与温度、压力有关,而且还与气体组成有关。较准确的计算方法如下:

$$RTln\gamma_i = \left[\left(B_{oi} - \frac{A_{oi}}{RT} - \frac{C_i}{T^3} \right) - \frac{(A_{oi}^{0.5} - S_{um})^2}{(RT)} \right] \cdot P \qquad (6.1-4)$$

式中: P 为总压(atm), R 为 0.08206。

$$S_{um} = \sum y_i (A_{oi})^{0.5} \text{(其中包括 } CH_4 \text{ 及 Ar)} \qquad (6.1-5)$$

各系数值见表 6.1-1:

表 6.1-1　各系数值

组分 i	A_{oi}	B_{oi}	C_i
H_2	0.1975	0.02096	0.0504×10^4
N_2	1.3445	0.05046	4.20×10^4
NH_3	2.3930	0.03415	476.87×10^4
CH_4	2.2769		
A_r	1.2907		

要计算 r_i 值,必须先知道平衡组成,而平衡组成又取决于 r_i 值,因此,计算时必须使用牛顿迭代法计算。

2. 催化剂的活性

任何一种反应的反应速率,均与所采用的催化剂的活性有关,同时还与所使用的操作条件,即温度、压力、气体组成、操作空速等有关,因此要通过测定反应速率或转化率来评价催化剂的活性,所以对催化剂装填量,所使用反应器的规格、操作空速及升温程序要做统一规定。

合成氨催化剂所使用的操作条件为:温度 425 ℃(根据催化剂类型而定),压力 15 MPa,催化剂装填量 2~5 mL,空速 30000 h^{-1},反应管规格 φ6 mm,原料气为 3:1 的 H_2、N_2 气体。升温还原程序依催化剂型号而定。

由于催化剂不能改变反应的平衡状态,只是起到缩短到达平衡的时间的作用,因此氨裂解采用的同样是氨合成催化剂,只是根据要求的不同采用不同的操作条件而已。

三、实验装置流程

液氨由钢瓶出来,经减压稳压到 0.05 MPa 左右,经调节阀调节流量后进入裂解炉进行裂解,裂解气经分析装置后进入湿式气体流量计,计量后放空。具体流程如图 6.1-1 所示。

裂解炉温度按程序进行调节,反应温度由专门的温度仪指示。

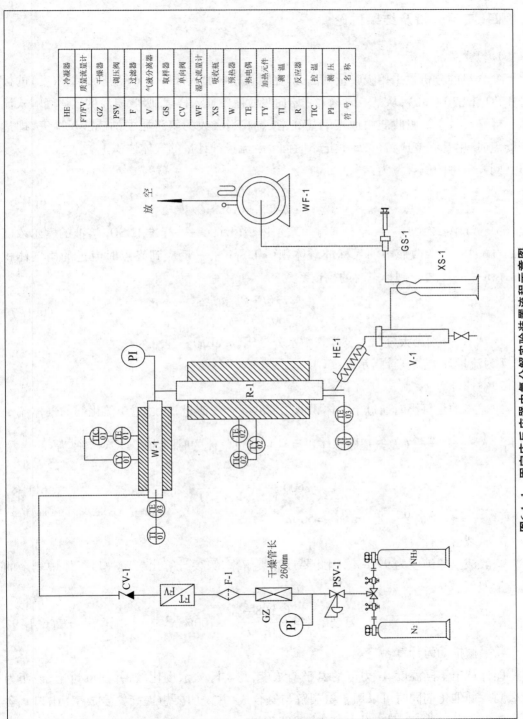

符号	名称
HE	冷凝器
FT/FV	质量流量计
GZ	干燥器
PSV	调压阀
F	过滤器
V	气液分离器
GS	取样器
CV	单向阀
WF	湿式流量计
XS	吸收瓶
W	预热器
TE	热电偶
TY	加热元件
TI	测温
R	反应器
TIC	控温
PI	测压

图6.1-1　固定床反应器中氨分解实验装置流程示意图

四、实验分析及结果讨论

1. 氨含量的分析

氨含量的分析是采用吸收量气法,即在吸收瓶中加入浓度为 C(物质的量浓度)的标准H_2SO_4溶液 V(mL),从某一时刻 t_1 开始向吸收瓶中通入样气,吸收氨后的气体经湿式流量计计量后放空。吸收瓶中加入甲基红指示剂,当吸收的氨将瓶中的硫酸反应完,即达到终点时,甲基红变成黄色,此时记下时间 t_2 及流量计计量的气体体积 V_1。

则样气中的氨含量为:

$$y_{NH_3} = \frac{22.081 \times 2 \times C \times V}{V_1 \cdot K + 22.081 \times 2 \times C \times V} \tag{6.1-6}$$

式(6.1-6)中:22.081——标态下氨的摩尔体积(L);C——标准 H_2SO_4 溶液的摩尔浓度(mol/L);V——吸收瓶中加入标准酸体积(mL);V_1——反应到终点时流过的惰气体积(mL);K——V_1 校正到标态时的校正系数。

$$K = \frac{273(P - P_{H_2O})}{760(273 + t)} \tag{6.1-7}$$

P、P_{H_2O} 分别为大气压力及样气中水分分压(mmHg);

t 为流量计上温度计指示温度(℃)。

2. 空速计算

空速指的是每小时通过单位体积催化剂的混合气流量,通过整个催化剂的气体流量为 $V_1 \cdot K \cdot \dfrac{(1 + y_{NH_3})}{(1 - y_{NH_3})}$(无氨基标态体积流量),通过气体的时间为 t(s),则空速为:

$$V_{sp} = 3600 \frac{V_1 K (1 + y_{NH_3})}{V_R t_{秒} (1 - y_{NH_3})} \tag{6.1-8}$$

式中:V_R——催化剂装填量,mL;$V_R = 50$ mL。

3. 氨裂解率计算

一般液氨的纯度为99.8%,因此要计算裂解率,只要计算出裂解炉后气体中剩余的氨含量即可。

$$氨裂解率 = \frac{0.998 - y_{NH_3}}{0.998} \times 100\% \tag{6.1-9}$$

4. 平衡推动力计算

即计算出不同温度、压力下的氨平衡浓度,与实际氨浓度比较,并加以讨论,说明为什么同一种催化剂同时可以用于氨裂解与氨合成,并说明要想提高氨合成率(出口氨含量),需开发什么类型(具有什么特点)的催化剂。

五、操作步骤

1. 打开电源,调节预热器升温到 300 ℃,调节反应器温度,按程序进行升温。控制器是裂解炉温度升至反应温度。

2. 打开氨钢瓶总阀,调节控制气氨流量在 50 mL/min 左右。当反应温度升至设定温度时,将流量升至 500 mL/min 左右,利用秒表及流量计测出空速。

3. 调节不同的温度,分别测其氨含量。

4. 当反应结束后停止进气,停止加热。电源关闭后可以切换成氮气进行尾气吹扫,待温度降至 300 ℃以下可关闭气体。

六、计算实验结果并讨论

根据实验测得的惰性气体体积流量等数值,利用式(6.1-6)～式(6.1-9)计算出口氨含量及氨裂解率、平衡推动力,比较不同温度及空速情况下的结果,讨论温度等因素对出口氨含量及氨裂解率的影响。

七、安全注意事项

本实验有可能出现的危险是氨气泄露。

氨气吸入是接触的主要途径,吸入氨气后的中毒表现主要有:轻度吸入氨中毒表现有鼻炎、咽炎、喉痛、发音嘶哑。氨进入气管、支气管会引起咳嗽、咳痰,痰内有血。严重时可咯血,肺水肿,呼吸困难,咯白色或血性泡沫痰,双肺布满大、中水泡音。患者有咽灼痛、咳嗽、咳痰或咯血、胸闷和胸骨后疼痛等。

八、泄漏应急处置措施

氨无色,具有强烈的刺激臭味,对人体有较大的毒性。氨气慢性中毒会引起慢性气管炎、肺气肿等呼吸系统病,急性氨中毒表现为咳嗽不止、憋气等。

1. 少量泄漏

撤退区域内所有人员。防止吸入,防止接触液体或气体。处置人员应使用呼吸器。禁止进入氨气可能汇集的局限空间,并加强通风。只能在保证安全的情况下堵漏。泄漏的容器应转移到安全地带,并且仅在确保安全的情况下才能打开阀门泄压。可用砂土、蛭石等惰性吸收材料收集和吸附泄漏物。收集的泄漏物应放在贴有相应标签的密闭容器中,以便废弃处理。

2. 废液处理

用稀硫酸中和吸收含氨尾气后,产生硫酸铵,所以废液是硫酸铵稀溶液。废液收集统一处理。

实验6.2　乙醇-苯-水系统共沸精馏实验

精馏是化工生产中常用的分离方法,它是利用气-液两相的传质和传热来达到分离的目的。对于不同的分离对象,精馏方法也会有所差异。例如,分离乙醇和水的二元物系,由于乙醇和水可以形成共沸物,且其常压下的共沸温度与乙醇的沸点温度极为相近,所以采用普通精馏方法只能得到乙醇和水的混合物,而无法得到无水乙醇。为此,在乙醇-水系统中加入第三种物质(该物质被称为共沸剂,共沸剂具有能和被分离系统中的一种或几种物质形成最低共沸物的特性),在精馏过程中共沸剂将以共沸物的形式从塔顶蒸出,塔釜则得到无水乙醇。这种方法就称作共沸精馏。

一、实验目的

1. 通过实验加深对共沸精馏过程的理解。
2. 熟悉精馏设备的构造,掌握精馏操作方法。
3. 能够对精馏过程做全塔物料衡算。
4. 学会使用气相色谱仪分析液体组成。

二、实验原理

乙醇-水系统加入共沸剂苯之后可以形成四种共沸物。现将它们在常压下的共沸温度、共沸组成列于表6.2-1。

表6.2-1　乙醇-水-苯三元共沸物性质

共沸物(简写)	共沸温度 /℃	共沸物组成(体积分数)		
		乙醇	水	苯
乙醇-水-苯(T)	64.85	18.5%	7.4%	74.1%
乙醇-苯(AB_z)	68.24	32.7%	0	67.3%
苯-水(BW_z)	69.25	0	8.83%	91.17%
乙醇-水(AW_z)	78.15	95.57%	4.43%	0

为了便于比较,将乙醇、水、苯三种纯物质常压下的沸点列于表6.2-2中。

表 6.2-2　乙醇、水、苯的常压沸点

物质名称(简写)	乙醇(A)	水(W)	苯(B)
沸点温度/℃	78.3	100.0	80.2

从表 6.2-1 和表 6.2-2 列出的沸点看,除乙醇-水二元共沸物的共沸点与乙醇沸点相近之外,其余三种共沸物的共沸点与乙醇沸点均有 10 ℃左右的温度差,因此,可以设法使水和苯以共沸物的方式从塔顶分离出来,塔釜则得到无水乙醇。

三、实验装置、流程及试剂

(一)实验装置

本实验所用的精馏塔为:内径 20 mm;填料高度 1.4 m,1 个;填料 2.0 mm×2.0 mm(316 L 型不锈钢 θ 网环);釜容积 250 mL;加热功率 110 W;保温套管直径 60~80 mm;保温段加热功率 250 W;回流控制器:1~99 s 可调。

控制柜的仪表盘板面布置　如图 6.2-1。

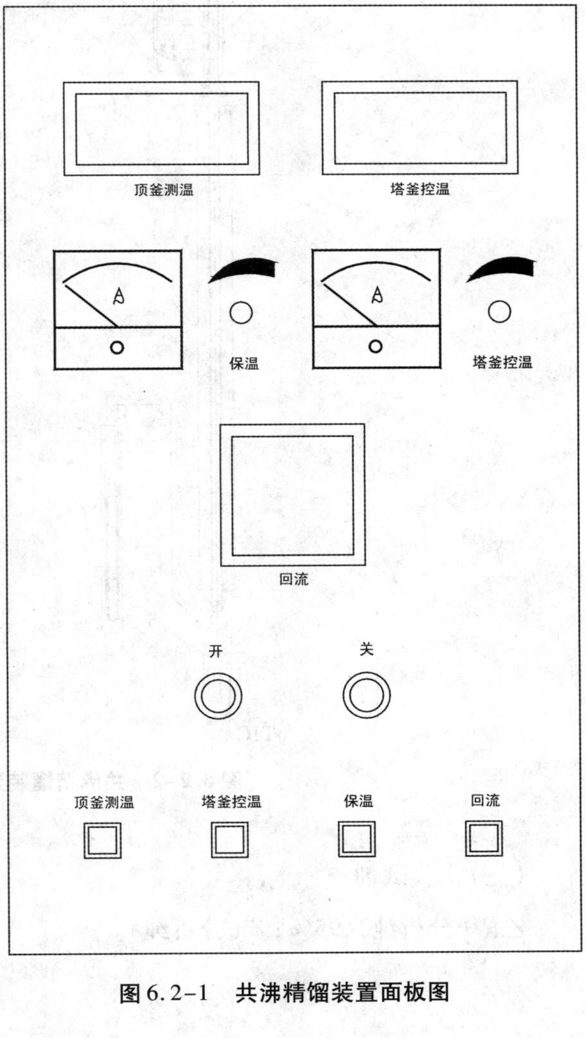

该装置由精馏塔和仪表控制柜组成。塔身采用半导体透明膜加热、保温,可直接观察共沸精馏操作中气液流动情况。温度用高精度、稳定性优良的智能化仪表显示,带有自整定的 PID 功能。塔釜、塔顶温度用铂电阻传感器,并以高精度数字显示仪表显示,测温数据可靠。

塔釜是一个 250 mL 的小釜,设有气体取样口。塔釜用碳棒加热,存液量小。塔釜、塔顶构造比较合理,且都有一个深入内部的套管口,可插入热电偶,用来测温。用一台自动控温仪

图 6.2-1　共沸精馏装置面板图

控制电加热棒或半导体加热膜,使塔釜温度不超过一个限定的值。

塔顶设有全凝器和分层器。塔釜加热沸腾后产生的蒸气由填料层经保温到达塔顶全凝器。分层器是一个构造特殊的容器,可以满足各种不同操作方式的需要;它可以用作分层器兼回流比调节器;当塔顶物料不分层时,它可以单纯地作为回流比调节器使用。这样的设计既实现了连续精馏操作,又可进行间歇精馏操作。

本实验分层器中会出现两层液体:上层为富苯相,下层为富水相。实验时,富苯相由溢流口回流入塔,富水相则采出。当间歇操作时,为了保证有足够的溢流液位,富水相可在实验结束后取出。

(二)实验装置流程

实验装置流程见图6.2-2。

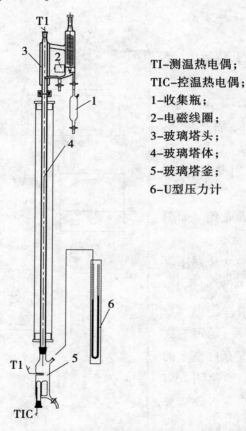

TI-测温热电偶;
TIC-控温热电偶;
1-收集瓶;
2-电磁线圈;
3-玻璃塔头;
4-玻璃塔体;
5-玻璃塔釜;
6-U型压力计

图6.2-2 共沸精馏装置流程示意图

(三)实验试剂

乙醇(分析纯),95%;苯(分析纯)。

四、实验步骤

1.将 50 g 95％的乙醇溶液和 70 g 苯加入塔釜。用色谱仪分析一次塔釜相组成。

2.向全凝器中通入冷却水。打开电源开关，开始塔釜加热。升温操作注意事项：

（1）釜热控温仪表的给定温度要高于沸点温度 50～80 ℃，使加热有足够的温差以进行传热。其值可根据实验要求而取舍，边升温边调整，当很长时间还没有蒸汽上升到塔顶时，说明加热温度不够高，还须提高。此温度过低蒸发量少，没有馏出物；温度过高蒸发量大，易造成液泛。

（2）再次检查是否给塔头通入冷却水。此操作必须在升温前进行，不能在塔顶有蒸汽出现时再通水，这样会造成塔头炸裂。

当釜已经开始沸腾时，打开上、下段保温电源，顺时针方向调节保温电流给定旋钮，使电流维持在 0.2～0.3 A 之处。注意：不能过大，过大会造成过热，使加热膜受到损坏。另外，还会造成因塔壁过热而变成加热器，回流液体不能与上升蒸气进行气液相平衡的物质传递，反而会降低塔分离效率。

3.为使填料层具有均匀温度梯度，可适当调节塔体保温，使全塔处于正常的操作范围内。

4.每隔 20 min 记录一次塔顶和塔釜的温度。

5.选择回流比：出水时富苯相全回流。

6.对间歇精馏操作，随精馏过程的进行，塔釜液组成不断变化，当釜液无水时，停止实验。

7.将塔顶馏出物摇匀，用气相色谱进行分析，计算出浓度。

8.用分析天平称出釜液、塔顶液的质量。

9.切断电源，关闭冷却水，结束实验。

五、实验数据处理

1.做乙醇、水、苯三种物质的全塔物料衡算。

2.画出 25 ℃下乙醇-水-苯三元物系的溶解度曲线。在图上标明共沸物的组成点，画出加料线，并对精馏过程做简要的说明。

六、思考题

1.如何计算共沸剂的加入量？

2.需要测出哪些量才可以做全塔的物料衡算？具体的衡算方法是什么？

3.将计算出的三元共沸物组成与文献值比较，求出其相对误差，并分析实验过程中产生误差的原因。

七、本实验中涉及的危险化学品

1.本实验涉及的危险化学品主要有乙醇和苯。

2.本实验涉及的危险化学品的性质及危害

(1)乙醇:乙醇在常温常压下是一种易燃、易挥发的无色透明液体,低毒性,纯液体不可直接饮用;具有特殊香味,并略带刺激;微甘,并伴有刺激的辛辣味。

(2)苯:在常温下是甜味、可燃、有致癌毒性的无色透明液体,并带有强烈的芳香气味。

3.急救措施

(1)乙醇:应密闭操作,全面通风,远离火源,预防静电发生。

皮肤接触:脱去污染的衣物,用肥皂水和清水彻底冲洗皮肤。

眼睛接触:提起眼睑,用流动清水或生理盐水冲洗。就医。

吸入:迅速脱离现场至空气新鲜处。保持呼吸道通畅。如呼吸困难,给输氧。如呼吸停止,立即进行人工呼吸。就医。

工程控制:密闭操作,加强通风。

呼吸系统防护:空气中浓度较高时,应该佩戴自吸过滤式防尘口罩。必要时,建议佩戴自给式呼吸器。

眼睛防护:戴化学安全防护眼镜。

身体防护:穿胶布防毒衣。

手防护:戴橡胶手套。

其他防护:工作完毕,淋浴更衣。保持良好的卫生习惯。

泄漏:迅速撤离泄漏污染区人员至安全区,并进行隔离,严格限制出入。切断火源。建议应急处理人员戴自给正压式呼吸器,穿消防防护服。尽可能切断泄漏源,防止进入下水道、排洪沟等限制性空间。

小量泄漏:用砂土或其他不燃材料吸附或吸收。也可用大量水冲洗,洗水稀释后放入废水系统。

灭火方法:抗溶性泡沫、干粉、二氧化碳、砂土。

灭火注意事项:尽可能将容器从火场移至空旷处。喷水保持容器冷却,直至灭火结束。

废液处理:使用专门废液收集桶储存后集中处理。

(2)苯:储于低温通风处,远离火种、热源。与氧化剂、食用化学品等分储。禁止使用易产生火花的工具。

灭火剂:泡沫、干粉、二氧化碳、砂土。用水灭火无效。

吸入中毒者,应迅速将患者移至空气新鲜处,脱去被污染衣服,松开所有的衣服及颈、胸部纽扣、腰带,使其静卧。口鼻如有污物,要立即清除,以保证肺通气正常,呼吸通畅,并且要注意身体的保暖。

皮肤中毒者,应换去被污染的衣服和鞋袜,用肥皂水和清水反复清洗皮肤和头发。

废液处理:使用专门废液收集桶储存后集中处理。

实验 6.3 乙酸乙酯皂化反应反应过量比的测定研究实验

为了提高高级数反应的末期反应速率,工业上往往采用某种反应物过量的方法加以解决。本实验就是用乙酸乙酯过量的方法,使皂化反应在反应末期转化为一级反应,达到提高末期反应速率的目的,且通过实验确定乙酸乙酯的过量比。

一、实验目的

1. 学习用某一反应物过量的方法,提高末期反应速率。
2. 通过实验确定乙酸乙酯的过量比。
3. 了解间歇反应的操作过程。

二、实验原理

1. 溶液浓度的测定

乙酸乙酯皂化反应的反应式:

$$NaOH + CH_3COOC_2H_5 \rightleftharpoons CH_3COONa + C_2H_5OH$$

写成离子式:

$$Na^+ + OH^- \rightleftharpoons Ac^- + Na^+$$

在整个反应过程中 Na^+ 离子浓度相同,故 Na^+ 电导不变,且同样浓度有 $L_{OH^-} \gg L_{Ac^-}$,所以溶液电导变化可以 L_{OH^-}。由于氢氧化钠的电导在一定浓度范围内与其浓度成正比,所以测得的电导变化可以反映溶液中 OH^- 浓度的变化。另外,皂化反应是不可逆反应,反应结束,氢氧化钠的浓度可视为零,因此电导与氢氧化钠的浓度有下述关系:

$$\frac{C_t}{C_0} = -\frac{L_t - L_\infty}{L_0 - L_\infty} \tag{6.3-1}$$

式中:C_0——溶液中氢氧化钠的初始浓度;

L_0——$t = 0$ 时溶液的电导;

L_∞——反应终止时溶液的电导。

　　本实验在间歇反应器中进行,当反应结束时,由记录仪记录的电导与时间的曲线,通过式(6.3-1)即可得 $C_{NaOH} \sim t$ 曲线。

　　2.乙酸乙酯过量比的计算

　　将皂化反应式写成:A+B $\Longrightarrow$ C+D

　　A 代表氢氧化钠,B 代表乙酸乙酯,C 代表乙酸钠,D 代表乙醇。设 c_{A0}、c_{B0} 分别为溶液中反应物 A、B 的初始浓度,则过量比为:

$$M = \frac{C_{B0} - C_{A0}}{C_{A0}} \qquad (6.3-2)$$

　　由式(6.3-2)得 $\qquad C_B = C_{B0} - (C_{A0} - C_A) = C_A + MC_{A0}$

　　皂化反应动力学方程式可表示为:

$$(-r_A) = kC_A(C_A + MC_{A0})$$

　　其中 $k = k_0 e^{-\frac{E}{RT}}$,$k_0 = 3.35 \times 10^8$ L/(mol · s)。

$E = 13.07$ kcal/mol

　　在间歇釜中对 A 进行物料衡算:

$$-\frac{\mathrm{d}C_A}{\mathrm{d}t} = kC_A(C_A + MC_{A0})$$

　　两边分离变量积分:

$$\int_0^t \mathrm{d}t = -\int_{C_{A0}}^{C_A} \frac{\mathrm{d}C_A}{kC_A(C_A + MC_{A0})}$$

　　得:

$$C_{A0}kt = \frac{1}{M}\ln\frac{(MC_{A0} + C_A)}{(1+M)C_A} \qquad (6.3-3)$$

　　式(6.3-3)从理论上推得了 A 浓度与时间的函数关系。如果实验不存在误差的话,则应该与实验得到的 $C_{NaOH} \sim t$ 曲线吻合。这样只要在 $C_{NaOH} \sim t$ 曲线上取一点,过量比 M 就可求得。因为 C_{A0} 可通过酸碱滴定得到,k 可通过测定反应釜温度计算得到,但实际上实验过程中不可避免地存在误差。这样直接得到的 $C_{NaOH} \sim t$ 曲线上取一点求 M 是不可靠的。我们考虑从最小二乘多项式逼近方法,得一正则方程,然后通过求解此正则方程,最后求得 M。

　　正则方程具体推导:

　　令所求的回归曲线为

$$t = \frac{1}{C_{A0}kM}\ln\frac{MC_{A0} + C_A}{(1+M)C_A} \qquad (6.3-4)$$

　　此时偏差平方和

$$Q = \sum_{i=1}^{n}\left[t_i - \frac{1}{C_{A0}kM}\ln\frac{(MC_{A0} + C_{Ai})}{(1+M)C_{Ai}}\right]^2 \qquad (6.3-5)$$

求 Q 的极小值,由一元函数求极值定理可知,正则方程为

$$\frac{dQ}{dM} = \sum_{i=1}^{n} \left[t_i - \frac{1}{C_{A0}kM} \ln \frac{(MC_{A0} + C_{Ai})}{(1 + M) \, C_{Ai}} \right] \times$$

$$\left[\frac{C_{A0} - C_{Ai}}{M(1 + M)(MC_{A0} + C_{Ai})} - \frac{1}{M^2} \ln \frac{(MC_{A0} + C_{Ai})}{(1 + M) \, C_{Ai}} \right] = 0$$

整理后得到正则方程为

$$\frac{1}{(1 + M)} \sum_{i=1}^{n} \frac{t_i(C_{A0} - C_{Ai})}{(MC_{A0} + C_{Ai})} - \frac{1}{M} \sum_{i=1}^{n} t_i \ln \frac{(MC_{A0} + C_{Ai})}{(1 + M) \, C_{Ai}} -$$

$$\frac{1}{C_{A0}k(1 + M)M} \sum_{i=1}^{n} \frac{(C_{A0} - C_{Ai})}{(MC_{A0} + C_{Ai})} \cdot \ln \frac{(MC_{A0} + C_{Ai})}{(1 + M) \, C_{Ai}} +$$

$$\frac{1}{C_{A0}kM^2} \sum_{i=1}^{n} \left[\ln \frac{(MC_{A0} + C_{Ai})}{(1 + M) \, C_{Ai}} \right]^2 = 0 \tag{6.3-6}$$

式(6.3-6)为一非线性代数方程,不能直接从解析式得到 M,我们用试差法求解。在此推荐一个初始试差值 $M^{(0)}$ 的计算式:

$$M^{(0)} = \frac{-2C_{A0}C_{A1}C_{A2} + (C_{A0} + C_{A2}) \, C_{A1}^2}{C_{A0}^2 C_{A2} - C_{A1}^2 C_{A0}} \tag{6.3-7}$$

注意:(t_1, C_{A1})、(t_2, C_{A2}) 分别从实验得到的 $C_{NaOH} \sim t$ 曲线上取得,但这两组数据必须满足 $t_2/t_1 \equiv 2$,如当 $t_1 = 2$ min,得 C_{A1} 点时,t_2 必须是 4 min 的 C_{A2} 点,或当 $t_1 = 3$ min,得 C_{A1} 点时,t_2 必须是 6 min 的 C_{A2} 点,以此类推。

显然由式(6.3-6)和式(6.3-7),即可用试差法求得 M,要求试差精度 $\varepsilon \leqslant 0.001$。

三、实验装置

如图 6.3-1。

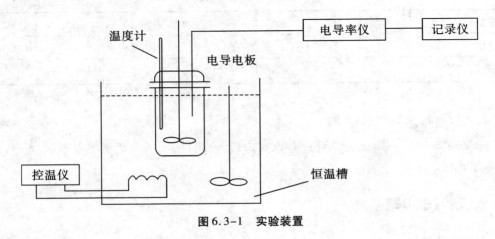

图 6.3-1　实验装置

四、实验步骤

1. 接通电源,开启各个分开关,调整控温仪,设置水浴加热控温为 35~50 ℃。

2. 分别将盛有反应物 A(氢氧化钠溶液)和 B(乙酸乙酯)的 100 mL 容量瓶放入恒温槽中预热至反应温度。

3. 将预热好的氢氧化钠溶液倒入间歇釜中,开启间歇釜的搅拌浆,再将预热好的乙酸乙酯倒入间歇釜中进行反应。

4. 用酸碱滴定法分析氢氧化钠的初始浓度。

5. 当控制采集软件采集电导率值曲线走直线时,可以认为反应中止,停止实验。

6. 记录实验数据。

7. 清洗反应釜,改变过量比,重复一次实验。

8. 排清釜中料液,清洗反应釜,关闭电源及水源,清理实验场地,实验结束。

五、实验记录及数据处理

1. 反应温度:_____

2. 酸碱滴定分析:

酸标准溶液浓度:_____

取碱溶液　25.00 mL;　25.00 mL;　25.00 mL

耗酸标准溶液体积　V_1:_____;V_2:_____;V_3:_____。

3. 记录仪记录的电导与时间的曲线:

填表 6.3-1。

表 6.3-1　数据记录表

时间/s	0	10	20	30	40	50	60	……	∞
电导									
浓度 C_A									

4. 求取过量比 M

用试差法求解方程(6.3-6)得 M,或者由每一点直接用试差法求解方程(6.3-4)得 M_i,取平均值。

六、预习思考题

1. 什么是过量比? 为什么采用过量比操作?

2.本实验采用的反应物系是什么？哪个反应物过量？

3.为什么反应在恒温槽中进行？

4.过量比增大,反应时间怎样变化？

七、预习及实验报告

在进行试验以前,要预习实验讲义,并写好预习报告。实验报告的要求是用自己的语言阐述本实验的目的、原理,着重于实验结果的数学处理和讨论。

八、药品危险性及废液处理

1. 乙酸乙酯危险性

稳定危险标记 7(易燃液体)。

健康危害:侵入途径主要是吸入、食入、经皮吸收。对眼、鼻、咽喉有刺激作用。高浓度吸入可引起进行性麻醉作用,急性肺水肿,肝、肾损害。持续大量吸入,可致呼吸麻痹。误服者可产生恶心、呕吐、腹痛、腹痛、腹泻等。有致敏作用,因血管神经障碍而致牙龈出血。可致湿疹样皮炎。长期接触本品有时可致角膜混浊、继发性贫血、白细胞增多等。

毒理学资料及环境行为毒性:属低毒类。

2. 废液处理

废液来源组成:反应结束后混合物含有乙酸乙酯、乙醇、醋酸钠、水,清洗反应釜时也产生废液,所以主要成分是乙酸乙酯、乙醇、醋酸钠。

废液收集统一处理。

九、主要符号说明

t :反应时间 $[\min]$;

C_t : t 时刻溶液中 NaOH 的浓度 $[\mathrm{mol/m^3}]$;

M :某反应的过量比;

C_A :溶液中 NaOH 的浓度 $[\mathrm{mol/m^3}]$;

C_B :溶液中乙酸乙酯的浓度。

实验 6.4　中空纤维超过滤膜分离 PVA 研究

膜分离技术是近几十年迅速发展起来的一类新型分离技术。膜分离法是用天然或人工合成的高分子薄膜,以外界能量或化学位差为推动力,对双组分或多组分的溶质与溶剂进行分离、分级、提纯和富集的方法。膜分离法可用于液相和气相。对于液相分离可用于水溶液体系、非水溶液体系、水溶胶体系以及含有其他微粒的水溶液体系。膜分离包括反渗透、超过滤、电渗析、微孔过滤等。膜分离过程具有无相态变化、设备简单、分离效率高、占地面积小、操作方便、能耗少、适应性强等优点,目前在海水淡化、食品加工工业的浓缩分离、工业超纯水制备、工业废水处理等领域的应用越来越多。超过滤是膜分离技术的一个重要分支,通过实验掌握这项技术具有重要意义。

一、实验目的

1. 了解和熟悉超过滤膜分离的工艺过程。
2. 了解膜分离技术特点。
3. 培养学生的实验操作技能。

二、分离原理

超过滤膜分离以压力差为动力,根据溶液中微粒的大小不同而选择性透过,从而实现分离。根据溶解−扩散模型,膜的选择透过性是由于不同组分在膜中的溶解度和扩散系数不同而造成的。

三、实验设备、流程和仪器

本装置主要由一台离心泵、两支膜分离管、两个储槽(一个料液储槽,一个反冲液储槽)、四支转子流量计以及一台紫外分光光度计组成。

技术指标如下：

膜指标(直径×长度×根数)　$1.3×500×900$

截留分子量　　6 万 ~7 万单位

最大流量　　120 L/h

最大操作压力　0.08 MPa

装置流程如图 6.4−1 所示。

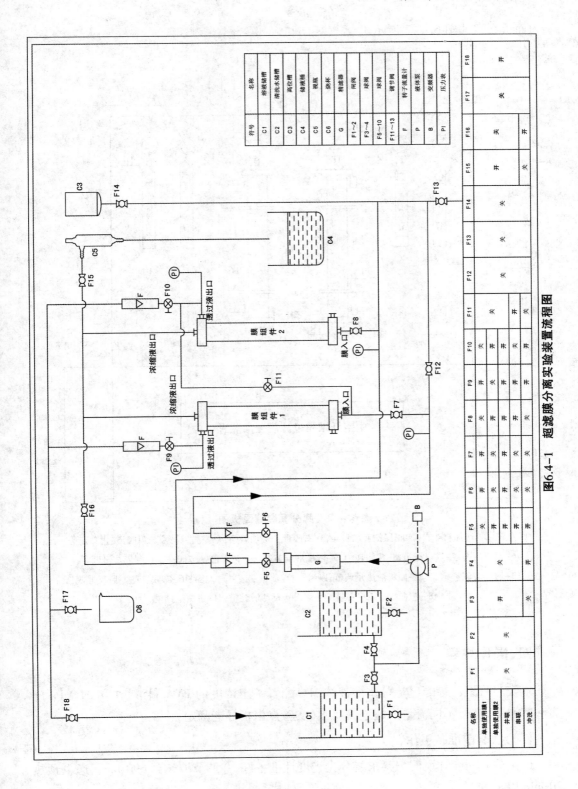

图6.4-1 超滤膜分离实验装置流程图

符号	名称
C1	浓液储液槽
C2	清洗水储槽
C3	高位槽
C4	储液桶
C5	视瓶
C6	烧杯
G	精滤器
F1～2	闸阀
F3～4	球阀
F5～10	球阀
F11～13	调节阀
F	转子流量计
P	液体泵
B	变频器
PI	压力表

名称	F1	F2	F3	F4	F5	F6	F7	F8	F9	F10	F11	F12	F13	F14	F15	F16	F17	F18
单独使用膜1	关	关	开	关	关	开	开	关	关	开	关	关	关	关	开	关	关	开
单独使用膜2	关	关	关	关	开	开	关	开	关	开	关	关	关	关	开	关	关	开
并联	开	开			开	开	开	开	开	关	开					开		
串联	开	开			开	关	关	关	关	关	开					开		
冲洗	关	关																

面板布置如图 6.4-2 所示。

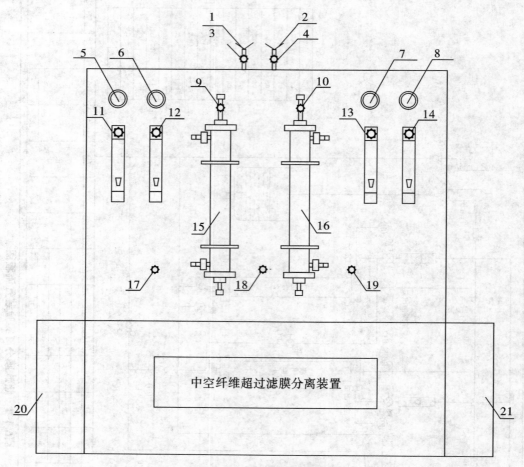

图 6.4-2　膜分离装置面板图

1-左膜保护液加料斗；2-右膜保护液加料斗；3-右膜保护液加料阀；4-左膜保护液加料阀；5-进口压力；

6-出口压力；7-进口压力；8-出口压力；9-浓缩液调节阀；10-浓缩液调节阀；11-原料液流量调节；

12-透过液流量调节；13-原料液流量调节；14-透过液流量调节；15-左膜；16-右膜；17-左膜反冲阀；

18-进液总阀；19-右膜反冲阀；20-反冲液储槽；21-进料液储槽

四、操作规程

本实验将聚乙烯醇(PVA)水溶液浓缩。配置一定浓度的 PVA 料液,在 0.04 MPa 压力和室温下,进行不同流量的超过滤实验(实验点由指导老师定)。

(一)实验前准备工作

1. 按分光光度计说明书要求将分光光度计准备好,并调节波长到 690 nm。通电预热 20 min 以上。

2. 放出过滤膜中的保护液,并用瓶收集好,以备实验完毕后重新使用。用清水清洗过滤膜 2~3 次,然后放净清洗液。

3. 检查实验系统阀门开关状态,应全部处于"关"状态。

4. 检查是否有足够的显色剂。一般由实验员按下列要求预先配制:碘 0.03 mol 与硼酸 0.32 mol 混匀,置于棕色试剂瓶中备用。

5. 将预先配制好的原料液(50~200 ppm)用分光光度计测量,使其浓度在所需范围内,由老师提供标准曲线或由学生自己制作标准曲线。

6. 准备 3 个 50 mL 的容量瓶,3 个 100 mL 烧杯(分别贴上原料液、浓缩液和透过液标签),1 个 5 mL 的移液管,1 个 10 mL 的移液管。

(二)实验操作步骤

1. 打开原料液储槽阀门及回水阀,打开泵开关,待泵运转正常后关闭回水阀,缓慢打开进液总阀 F4,调节转子流量计进口阀 F5、F6 为一适当读数,膜进口阀 F7、F8 全开,调节膜出口阀 F9、F10,使膜进口压力为 0.04 MPa,透过液转子流量计阀全开,根据实验要求也可只使用一只膜。

2. 当系统稳定后(约 10 min),取分析样品。取样方法:用 2 个 100 mL 烧杯分别取浓缩液、透过液约 50 mL,进行比色分析。

3. 如考察流量对膜分离的影响,膜透过液流量计全开,调节膜浓缩液流量计及膜出口调节阀使用压力为 0.2~0.6 MPa(固定某一值),并调节流量至 10 或 20 mL/min,待装置稳定操作 20 min 后,分别取透过液及浓缩液进行比色分析。

4. 改变膜出口调节阀及浓缩液流量计阀,使压力保持稳定,使流量变为 30 mL/min 或 40 mL/min,重复步骤 3 改变流量,总计取 4~5 组数据。观察分析数据是否有矛盾之处,准备停止实验。

5. 将各阀门关闭,然后关闭泵开关。

6. 将清水加入反冲液储槽中,打开反冲液泵出口截止阀,反冲液入口调节阀及浓缩液流量计,反冲 10~20 min 后,关闭泵开关,反冲液排掉。

7. 将膜入口调节阀关闭,打开膜出口调节阀及保护液调节阀,将 5% 甲醛溶液加入膜分离管中,使液面保持 10 cm 以上。关闭各阀门。

8. 将料液罐加盖保护,以备下次实验使用。关闭装置电源及分光光度计,结束实验。

注:

(1)显色分析法:取定量 PVA 溶液 5 mL 加入 50 mL 容量瓶中,加入 8 mL 显色液,用蒸馏水稀释至 50 mL,摇匀并放置 15 min。用分光光度计在 690 nm 处测定吸光度 A,并与标准曲线比较得到样品浓度。

(2)步骤 6、7、8 不必每次实验都做,可以每学期做一次。

五、数据处理

1. 记录数据

按表 6.4-1 记录实验条件和数据。

表 6.4-1　实验记录表

压力(表压)：　　MPa；温度：　　℃；日期：　　年　　月　　日

实验序号	起止时间	PVA 浓度/(mg/L)			流量/(L/min)	
		原料液	浓缩液	透过液	原料液	透过液

2. 数据处理

（1）PVA 的脱除率：

$$f=\frac{原料液初始浓度-透过液浓度}{原料液初始浓度}\times100\%$$

（2）透过流速：

$$J=\frac{透过液体积}{膜面积\times实验时间}\left[L/(m^2 \cdot h)\right]$$

（3）PVA 回收率：

$$Y=\frac{浓缩液中\ PVA\ 量}{原料液中\ PVA\ 量}\times100\%$$

六、思考题

1. 讨论超过滤膜分离的意义。
2. 讨论超过滤组件中加保护液的意义。
3. 实验中如果操作压力过高或流量过大会有什么结果？
4. 提高料液的温度进行超过滤会有什么影响？

七、本实验中涉及的危险化学品

1. 本实验涉及的危险化学品

主要有聚乙烯醇、甲醛、亚硫酸氢钠、碘和硼酸。

2. 本实验涉及的危险化学品的性质及危害

(1)聚乙烯醇:白色片状、絮状或粉末状固体,无味。吸入、摄入对身体有害,对眼睛有刺激作用。该品可燃,具刺激性。

(2)甲醛溶液:无色液体,有特殊的刺激气味,对人眼、鼻等有刺激作用。主要危害表现为对皮肤黏膜的刺激作用,甲醛在室内达到一定浓度时人就有不适感。大于 $0.08 \ m^3$ 的甲醛浓度可引起眼红、眼痒、咽喉不适或疼痛、声音嘶哑、喷嚏、胸闷、气喘、皮炎等。

(3)亚硫酸氢钠:白色结晶性粉末。有二氧化硫的气味。暴露在空气中失去部分二氧化硫,同时氧化成硫酸盐。对皮肤、眼、呼吸道有刺激性,可引起过敏反应。可引起角膜损害,导致失明。可引起哮喘。该品不燃,具腐蚀性,可致人体灼伤。

(4)碘:常温常压下,单质碘为紫黑色并带金属光泽的固体。碘微溶于水,易溶于有机溶剂。碘易升华,气态碘显深紫色,有刺激气味,刺激眼、鼻、喉头黏膜,生产时要注意防护。

(5)硼酸:白色粉末状,有滑腻手感,无臭味。溶于水、酒精、甘油、醚类及香精油中,味微酸苦后带甜,能随水蒸气挥发。硼酸是一种稳定结晶体,通常保存下不会发生化学反应。温度、湿度发生剧变时会发生重结晶而结块。

3. 急救措施

(1)聚乙烯醇溶液

皮肤接触:脱去污染的衣物,用流动清水冲洗。

眼睛接触:提起眼睑,用流动清水或生理盐水冲洗。就医。

吸入:脱离现场至空气新鲜处。如呼吸困难,给输氧。就医。

操作注意事项:提供良好的自然通风条件。

储存注意事项:储存于阴凉、通风的地方。远离火种、热源。应与氧化剂分开存放,切忌混储。

废液处理:使用专门废液收集桶储存后集中处理。

(2)甲醛溶液

甲醛溶液作为膜组件的保护液,放置在专门的容器内,但是天气热易防止挥发。实验室应开窗加强室内空气的流通,可以降低室内空气中有害物质的含量,从而减少此类物质对人体的危害。

废液处理:使用专门废液收集桶储存后集中处理。

(3)亚硫酸氢钠

皮肤接触:立即脱去污染的衣物,用大量流动清水冲洗。就医。

眼睛接触:立即提起眼睑,用大量流动清水或生理盐水彻底冲洗至少 15 min。就医。

吸入:迅速脱离现场至空气新鲜处,保持呼吸道通畅。如呼吸困难,给输氧,如呼吸停止,立即进行人工呼吸。就医。

操作注意事项:密闭操作,局部排风。防止粉尘释放到周围空气中。严格遵守操作规程。建议操作人员佩戴自吸过滤式防尘口罩,戴化学安全防护眼镜,穿橡胶耐酸碱服,戴橡胶耐酸碱手套。

废液处理:使用专门废液收集桶储存后集中处理。

(4)碘:黏附在皮肤上的碘可用硫代硫酸钠或碳酸钠溶液洗去。在密封阴凉干燥保存。

(5)硼酸:储存时应注意远离剧变的环境,保证完好的包装。

燃爆危险:不燃,具刺激性。

皮肤接触:脱去污染的衣着,用大量流动清水冲洗。就医。

眼睛接触:提起眼睑,用流动清水或生理盐水冲洗。就医。

吸入:脱离现场至空气新鲜处。如呼吸困难,给输氧。就医。

危险特性:受高热分解放出有毒的气体。

操作注意事项:密闭操作,加强通风。操作人员必须经过专门培训,严格遵守操作规程。建议操作人员佩戴自吸过滤式防尘口罩,戴化学安全防护眼镜,穿防毒物渗透工作服,戴橡胶手套。避免产生粉尘,避免与碱类、钾接触。

储存注意事项:储存于阴凉、通风的地方。远离火种、热源。应与碱类、钾分开存放,切忌混储。储区应备有合适的材料收容泄漏物。

废液处理:使用专门废液收集桶储存后集中处理。

实验 6.5　乙苯脱氢制备苯乙烯实验

苯乙烯是重要的高分子聚合物单体,是能够进行自由基、阴离子、阳离子、配位等多种机理聚合的少有单体,主要用于生产聚苯乙烯。此外,还可与其他单体共聚得到共聚树脂,如与丙烯腈、1,3-丁二烯共聚可制备 ABS 工程塑料,与 1,3-丁二烯共聚可制备丁苯橡胶,与丙烯腈共聚得到 AS 树脂等。目前其工业制备方法主要是乙苯催化脱氢,此方法最早由美国陶氏(Dow)公司开发,其产量约占总产量的90%。此外,在制药、农药合成、选矿、燃料等领域也有应用。了解其制备过程和实验室操作方法,对改进生产工艺有重要的作用。

一、实验目的

1. 了解以乙苯为原料,固定床反应器中铁系催化剂催化下制备苯乙烯的过程,理解实验装置的组成,熟悉相关各部分的操作及仪表数据的读取。

2.理解乙苯脱氢的反应机理及操作条件对产物收率的影响,掌握获得稳定操作工艺条件的步骤和方法。

3.了解气相色谱的原理和结构,掌握气相色谱的常规操作和谱图分析方法。

二、实验原理

乙苯脱氢生成苯乙烯和氢气是一个可逆的强烈吸热反应,为提高反应正向进行的程度,反应需在高温条件下催化剂催化下进行,其主反应如式(6.5-1):

$$C_6H_5C_2H_5 \Longleftrightarrow C_6H_5C_2H_3 + H_2 \qquad (6.5-1)$$

副反应主要包括:

$$C_6H_5C_2H_5 \Longleftrightarrow C_6H_6 + C_2H_4 \qquad (6.5-2)$$

$$C_2H_4 + H_2 \Longleftrightarrow C_2H_6 \qquad (6.5-3)$$

$$C_6H_5C_2H_5 + H_2 \Longleftrightarrow C_6H_6 + C_2H_6 \qquad (6.5-5)$$

水蒸气存在下还可能发生如下副反应:

$$CH_4 + H_2O \Longleftrightarrow CO + 3H_2 \qquad (6.5-6)$$

$$C_6H_5C_2H_5 + 2H_2O \Longleftrightarrow C_6H_5CH_3 + CO_2 + 3H_2 \qquad (6.5-7)$$

$$C_2H_4 + 2H_2O \Longleftrightarrow 2CO + 4H_2 \qquad (6.5-8)$$

此外,反应中还有少部分芳烃脱氢缩合产生焦油或焦炭,以及苯乙烯聚合生成少量聚合物、发生深度裂解产生碳和氢气等。常温下液态粗产物中主要包括苯乙烯,副产物苯和甲苯,以及未反应的乙苯和少量二甲苯、异丙苯和焦油等。不凝气中含有 90% 左右的氢气,其余为 CO_2、少量 C1 和 C2,不凝气可作为氢源,也可作为燃料气。

影响主反应收率的主要因素包括反应温度、压力、催化剂以及空速。

1.温度的影响

乙苯脱氢反应为吸热反应,$\triangle H^0 > 0$,从平衡常数与温度的关系式 $\left(\dfrac{\partial \ln K_P}{\partial T}\right)_P = \dfrac{\Delta H^0}{RT^2}$ 可知,提高温度可增大平衡常数,从而提高脱氢反应的平衡转化率。但是温度过高则副反应增加,使苯乙烯选择性下降,能耗增大,设备材质要求增加,故应控制适宜的反应温度,通常反应在 550~630 ℃ 范围内苯乙烯收率较高。

2.压力的影响

乙苯脱氢为体积增加的反应,因此降低压力有利于平衡向脱氢方向移动,增加反应的平衡转化率,且减少产物苯乙烯的自聚,因为聚苯乙烯可能会对设备和管道产生堵塞。因此通常在加入惰性气体或减压条件下进行。本实验使用水蒸气作为稀释剂,它可降低乙苯的分压,以提高平衡转化率。水蒸气的加入还可向脱氢反应提供部分热量,使反应温度比较稳定。能使反应产物迅速脱离催化剂表面,有利于反应向苯乙烯方向进行,同时还有利于烧掉催化剂表面的积炭。还可防止催化剂的活性组分还原为金属,使催化剂再生,并延长其寿命,如式(6.5-9)所示。

$$C + 2H_2O \longrightarrow CO_2 + 2H_2 \qquad (6.5-9)$$

但水蒸气增大到一定程度后(水/乙苯质量比 16∶1),乙苯转化率提高已不显著,而能耗提高,经济上是不合算的。生产单位质量苯乙烯的水蒸气消耗已成为衡量一条乙苯脱氢工艺路线是否先进的重要指标。一般适宜的用量为水和乙苯质量比为(1.2 ~ 2.6)∶1。

3. 催化剂的影响

乙苯脱氢技术的关键是选择催化剂。催化剂种类较多,其中铁系催化剂是应用最广泛的一种。以氧化铁为主,添加铬、钾助催化剂,可使乙苯的转化率达到 40%,选择性 90%。在应用中,催化剂的形状对反应收率有很大影响,小粒径、星形、十字形截面等催化剂有利于提高选择性。

4. 空速的影响

空速即规定条件下,单位时间、单位体积催化剂处理的气体量,单位为 $m^3/(m^3$ 催化剂·h),可简化为 h^{-1}。空速是对反应停留时间的一种反映,不考虑返混的情况下,也可以理解为 1 h 内乙苯在催化剂床层中被置换的次数。乙苯液空速(或乙苯蒸气空速)大,即单位反应器体积生产能力更大,能耗增加。空速小,虽然转化率有所提高,但乙苯脱氢反应中的平行副反应和连串副反应,随着接触时间的延长而增大,因此主产物苯乙烯的选择性会下降。催化剂的最佳活性与适宜的空速及反应温度有关,本实验乙苯的液空速以 0.6 ~ 1 h^{-1} 为宜。本实验催化剂用量一定,此方面的影响主要体现为乙苯的进液速率。

三、实验装置与试剂

1. 实验流程图

如图 6.5-1 所示。工业上苯乙烯催化脱氢主要有两种反应器:一是列管式,采用燃烧燃料,产生高温烟道气传给反应体系,优点是乙苯转化率和苯乙烯选择性高,缺点是反应器结构较复杂,材料要求高,反应器设计制造成本较高。二是绝热式,过热蒸汽直接带入反应器内,其优缺点与列管式相反。本实验采用不锈钢管式反应器,以外部供热方式控制反应温度,催化剂床层高度不宜过长。内部中心轴向有测温热电偶插入管,结构如图 6.5-2 所示。

2. 实验试剂及主要物化性质

原料乙苯,分析纯,无色液体,分子量 106.16,熔点 -94.9 ℃,沸点 136.2 ℃,闪点 15 ℃,爆炸极限 1% ~ 6.7%,不溶于水。要求二乙苯含量不超过 0.04%,这是由于二乙苯脱氢产生二乙烯苯,容易在分离和精致过程发生聚合而堵塞管道及设备。为催化剂的性能和寿命考虑,要求乙苯中乙炔低于 10 ppm(体积)、硫(按 H_2S)低于 2 ppm(体积)、氯(按 HCl)低于 2 ppm(质量)。

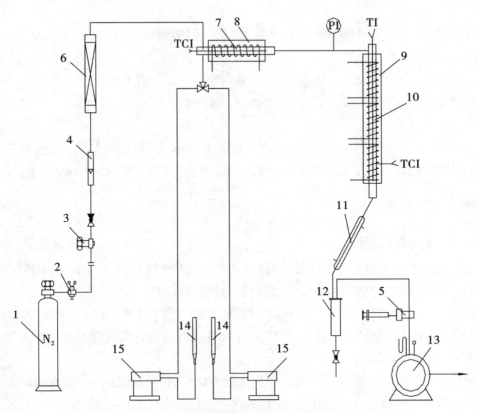

图 6.5-1 乙苯脱氢实验装置流程示意图

TCI-控温热电偶;TI-测温热电偶;PI-压力计;

1-气体钢瓶;2、3-稳压阀;4-转子流量计;5,5'-取样器;6-干燥器;7-预热炉;8-预热器;
9-反应炉;10-反应器;11-冷凝器;12-尾液收集器;13-湿式流量计;14-进料管;15-液体泵

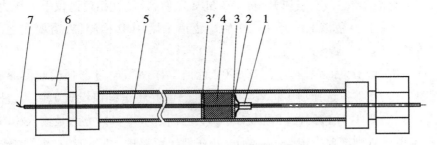

图 6-5-2 不锈钢反应器示意图

1-三脚架;2-丝网;3,3'-玻璃毛;4-催化剂;5-测温套管;6-螺帽;7-热电偶

铁系催化剂,20 mL,主要成分为 $Fe_2O_3-CuO-K_2O-Cr_2O_5-CeO_2$。活性组分为氧化铁,其他金属氧化物组分为助催化剂。氧化铁与其他金属氧化物的比例对乙苯转化率和苯乙烯选择性都有影响。氯离子可使催化剂中毒,因此实验中不采用自来水,而使用蒸

馏水。

主产物苯乙烯,分子量104.14,室温为无色液体,芳香气味,熔点-30.6 ℃,沸点145.0 ℃,不溶于水。

副产物苯,分子量78.11,熔点5.5 ℃,沸点80.1 ℃,不溶于水。

副产物甲苯,分子量92.14,熔点-30.6 ℃,沸点110.6 ℃,不溶于水。

3. 设备与仪器。

蠕动泵2台,氢气钢瓶1个,反应器及温度控制仪1套,冷凝器1个,气液分离器1个;注射器(5 μL)1支,气相色谱仪1台,烧杯(50 mL)2个,烧杯(500 mL)2个。

四、实验步骤

1. 反应装置加热开启

先打开绿色按钮的系统总开关,将控制面板上"床预热""床上段""床中段""床下段""反应测温"等五个红色按钮按下,此时各个仪表有数值显示。

对于"床预热"、"床上段"、"床中段"和"床下段",SV(绿色)为设定温度,而PV(红色)为实际热电偶测量温度。对于"反应测温",SV为反应器内部实际温度,PV为预热器内部实际温度。

预热控温SV先设为100 ℃,实际温度接近100 ℃后,设定值进一步升至200 ℃。对实验中乙苯和水的流量,预热器(气化器)内部实际值一般在110~120 ℃。

按照同样的方式,逐步升高"床上段""床中段""床下段"温度SV,设定值逐步设为100、200、300、400、500、600 ℃,最终使反应器内部实际温度达到550 ℃以上,再减小调节幅度使之稳定在实验温度。

2. 气相色谱的启动和调节

将氢气瓶总减压阀打开,表压升至0.04 MPa左右,并使气相色谱仪上方压力表的读数达到0.04 MPa,打开色谱电源开关。实验中色谱采用TCD检测器,需要先通载气,避免其中的钨丝过热。

打开计算机,点击桌面快捷方式"D7900P色谱工作站",略过选择检测器界面,进入控制面板窗口,先在下拉选择项中将载气设置为氢气,并将进样口设置150 ℃,柱箱温度设置为120 ℃,右侧TCD检测器设置为150 ℃,电流设为60 mA,方法是输入相应数值并回车,柱箱温度设置则需要点击"柱温程序"并在弹出窗口中,在"初始柱温"中输入后回车。当温度升至上述指定值后,点击"开始",软件询问是否开始,点击"是",此时产生色谱基线,等待一段时间,使基线稳定。稳定后若纵轴电压值在-5 mV或以下,则需要调节色谱仪侧面电位计旋钮,使基线纵轴数值为正值。

3. 乙苯和水加料泵的准备和调节

将控制面板上"泵1"和"泵2"两个红色按钮按下,打开乙苯和水进液泵。分别将塑料进液管一端插入乙苯瓶液面和烧杯中水液面以下,将控制面板右侧的"泵 1 进液转换"和"泵 1 进液转换"三通阀分别转至"放空"(箭头朝下),通过泵上的"Speed"旋钮调节流量,可将两个泵的流量设置为 5 ~ 10 mL/min,因较大的流量可尽快排出输液管中的空气。当有液滴从放空钢管出口连续滴下,表明气泡已基本被排出。此时将乙苯进液泵流量设为实验值 1.0 mL/min,水进液泵流量设为 2.0 mL/min。

注意整个实验过程中,乙苯和水流量的读取以转子流量计为准,泵的显示流量仅供参考,泵的显示流量难以准确调节至某些特定数值,且可能会有波动。如果转子流量计读数偏离实验数值较大,则需要再次调节"Speed"旋钮。

4.乙苯脱氢反应及色谱分析

当反应器温度达到 300 ℃ 之后,打开冷凝器中的冷凝水(实验室有时会间断停水,因此实验过程中需经常关注冷凝水)。反应器温度达到 550 ℃ 以上时,将控制面板右侧的"泵 1 进液转换"和"泵 1 进液转换"三通阀分别转至"预热"(箭头朝上)。

待反应器温度稳定后,将之前冷凝器中的液体放出。10 min 后,将冷凝器中液体放出至 50 mL 烧杯中,用注射器抽取上层有机相 3 μL,在气相色谱控制面板点击"停止",再点击"开始",重新开始生成基线,此时将注射器插入进样口,快速按压将待测液体注入,并拔出注射器。

色谱流出曲线开始生成,谱图中出现 4 个较大的峰,依沸点高低,出峰顺序依次为苯、甲苯、乙苯和苯乙烯。苯乙烯峰出完之后即可点击"停止",记录下四个组分的峰面积数值,并将结果保存,文件名修改为自己的班级和组别。

5.实验设备关闭步骤

实验结束后,停止乙苯进料,乙苯流量调零,而维持水的流量不变。"床预热"设定温度维持在 200 ℃ 不变,而"床上段""床中段"和"床下段"三段各温度设置均设为 20 ℃,反应器温度降至 400 ℃ 以下时,将水泵的流量调零,关闭冷凝器冷却水。10 min 后将预热器温度设为 20 ℃。注意是水蒸气清焦,而催化剂不宜接触液态水,因含钾的铁系催化剂对液态水敏感,接触液态水后会发生变软、粉碎等现象,影响催化剂的强度。

再过 10 min 后,将控制面板上"床预热""床上段""床中段""床下段""反应测温""泵 1"和"泵 2"等 7 个红色按钮关闭,最后关闭系统总开关。

气相色谱关闭顺序:先在控制面板上 TCD 检测器、进样口温度、柱箱温度均设置为 20 ℃,当实际温度均降至 80 ℃ 以下时关闭软件和计算机。关闭色谱仪开关。关闭氢气总阀门,将氢气减压阀拧松。

6.其他注意事项

请大家注意不要碰到热电偶,以免脱开,或接触位置发生较大改变,引起温度测量改变。实验室存有多个氢气钢瓶,气相色谱载气为氢气,此反应的原料和产物蒸气也是遇明火燃烧,所以实验室严禁明火,也禁止在走廊里吸烟。

五、数据处理和计算

1. 原始记录

见表 6.5-1。

表 6.5-1　原始数据记录

预热器测温/℃	床上层测温/℃	床中层测温/℃	床下层测温/℃	反应器测温/℃	水进料速率/(ml/min)	乙苯进料速率/(ml/min)

2. 气相色谱结果记录及分析

见表 6.5-2。

表 6.5-2　气相色谱结果记录及分析

反应器温度/℃	粗产品组分							
	苯		甲苯		乙苯		苯乙烯	
	色谱峰面积	色谱峰面积百分比/%	色谱峰面积	色谱峰面积百分比/%	色谱峰面积	色谱峰面积百分比/%	色谱峰面积	色谱峰面积百分比/%
592	199616	1.6749	410294	3.4427	4005387	33.6085	7288058	61.1528

以下举例说明数据处理计算方法。(此数据与温度不对应,仅是为了便于说明计算方法,请同学们注意。)

3. 数据计算

粗产物(又称脱氢液、炉油)中各组分质量校正因子 f 分别为:苯 1.000,甲苯 0.8539,乙苯 1.006,苯乙烯 1.032。产物中组分的质量百分含量由下式计算,式中 A_i 为气相色谱峰面积数值,x_i 为组分质量百分含量。

$$x_i = A_if_i / \sum_{i=1}^{4} A_if_i$$

$$x_{苯} = \frac{199616 \times 1.000}{199616 \times 1.000 + 410294 \times 0.8539 + 4005387 \times 1.006 + 7288058 \times 1.032} = 0.016, 即$$

1.6%。

同理可得，$x_{甲苯}$ 为 0.029，$x_{乙苯}$ 为 0.333，$x_{苯乙烯}$ 为 0.622。

若粗产物总质量为 100 g，则苯为 1.6 g，甲苯为 2.9 g，乙苯为 33.3 g，苯乙烯为 62.2 g，除以各自分子量计算出摩尔数 $n_{苯}$ 为 0.020 mol，$n_{甲苯}$ 为 0.031 mol，$n_{乙苯}$ 为 0.314 mol，$n_{苯乙烯}$ 为 0.597 mol。

根据式（1）、（2）和（5），乙苯发生反应生成等摩尔的苯乙烯、苯或甲苯，因此根据乙苯转化率 X＝发生反应的乙苯摩尔数/原料乙苯摩尔数 × 100%，其中发生反应的乙苯摩尔数为 $n_{苯}$、$n_{甲苯}$、$n_{苯乙烯}$ 三者加和，而原料乙苯摩尔数为 $n_{苯}$、$n_{甲苯}$、$n_{乙苯}$、$n_{苯乙烯}$ 四者加和。

$$x_{乙苯} = \frac{0.020 + 0.031 + 0.597}{0.020 + 0.031 + 0.314 + 0.597} = 0.674, 即 67.4\%。$$

苯乙烯选择性 S ＝ 苯乙烯摩尔数/发生反应的乙苯摩尔数 × 100%

$$S_{苯乙烯} = \frac{0.597}{0.020 + 0.031 + 0.597} = 0.921, 即 92.1\%。$$

苯乙烯收率 ＝ 乙苯转化率 × 苯乙烯选择性

$$Y_{苯乙烯} = X_{乙苯} \times S_{苯乙烯} = 0.674 \times 0.921 = 0.621, 即 62.1\%。$$

请思考：进行上述计算的前提是什么？是否有其他计算方法？

4. 得到转化率、选择性和收率随温度变化的关系曲线（软件点线图），解释和分析实验结果。

根据曲线，在实验温度范围内，随着温度的升高，乙苯转化率、苯乙烯选择性和收率如何变化？

实验误差的来源有哪些？

实验报告最后写出心得体会。

六、实验涉及的危险品及安全注意事项

1. 本实验涉及的危险品主要有乙苯、苯乙烯、氢气和甲苯。

2. 安全注意事项。

（1）乙苯：易燃易爆、有毒，实验时应密闭操作、全面通风、远离火源、预防静电发生，注意手、面部皮肤、黏膜的接触及呼吸道防护；

（2）苯乙烯：易燃易爆、有毒，实验时应密闭操作、全面通风、远离火源、预防静电发生，注意手、面部皮肤、黏膜的接触及呼吸道防护；

（3）氢气：易燃易爆，实验时应密闭操作、全面通风、远离火源、预防静电发生；

（4）甲苯：易燃易爆、低毒、有麻醉性，实验时应密闭操作、全面通风，远离火源、预防静电发生，注意手、面部皮肤、黏膜的接触及呼吸道防护。

实验 6.6　计算机控制多功能连续精馏实验

本装置是用不锈钢材料制成的多塔节的填料精馏塔。塔由多段塔体连接，加料节能随意改变位置，塔体外壁多段保温，塔釜及塔壁保温能自动控制，塔顶、塔釜压力和塔顶、塔釜、塔内温度均可自动测定并数字显示。釜与进料预热器采用人工智能型仪表控温，塔头采用内蛇管外夹套的冷却形式，用回流器自动控制回流与采出比例。塔釜加热用电加热方式，可通过仪表自控。测温全部使用铠装热电偶传感器。配操作软件，可实现计算机远程控制。

装置适用于常压、减压操作，仪表技术水平较高，设备设计合理、流程紧凑，塔分离效率高、布局合理，操作方便，适于科研、教学使用。

本实验装置可在不同回流比下，进行两组分连续精馏实验，可以调节不同的进料位置、进料量和进料状态。

一、实验目的

1. 熟悉精馏的工艺流程，掌握精馏实验的操作方法。
2. 了解板式塔的结构，观察塔板回流液状况。
3. 测定全回流时的全塔效率。
4. 测定不同回流比下塔顶产物 X_D 和塔底产物 X_w 的变化情况。

二、实验原理

在板式精馏塔中，由塔釜产生的蒸汽沿塔逐板上升与来自塔顶主板下降的回流液，在塔板上实现多次接触，进行传热与传质，使混合液达到一定程度的分离。对于双组分混合液的蒸馏，若已知汽液平衡数据，测得塔顶流出液组成 X_D、釜残液组成 X_w，液料组成 X_F 及回流比 R 和进料状态，就可用图解法在 $y-x$ 图上，或用解析法求出理论塔板数 N_T。塔的全塔效率 E_T 为理论塔板数与实际塔板数 N 之比。

本实验在板式精馏塔全回流的情况下，通过测定乙醇、丙醇体系混合液在精馏塔中的传质的一些参数，计算精馏塔的总板效率，分析该塔的传质性能和操作情况。

在板式精馏塔中，混合液的蒸汽逐板上升，回流液逐板下降，气液两相在塔板上接触,实现传质、传热过程而达到分离的目的。如果在每层塔板上,上升的蒸汽与下降的液体处于平衡状态,则该塔板称之为理论塔板。然而在实际操作过程中由于接触时间有限,气液两相不可能达到平衡,即实际塔板的分离效果达不到一块理论塔板的作用。影响塔板效率的因素很多,大致可归结为流体的物理性质(如黏度、密度、相对挥发度和表面张力等)、塔板结构以及塔的操作条件等。由于影响塔板效率的因素相当复杂,目前塔板效率仍以实验测定给出。因此,完成一定的分离任务,精馏塔所需的实际塔板数总是比理论塔板数多。

回流是精馏操作得以实现的基础。塔顶的回流量与采出量之比,称为回流比。回流比是精馏操作的重要参数之一,其大小影响着精馏操作的分离效果和能耗。回流比存在两种极限情况:最小回流比和全回流。本实验处于全回流情况下,既无任何产品采出,又无原料加入,此时所需理论板最少,又易于达到稳定,可以很好地分析精馏塔的性能。不同的回流比对实验的 X_D 和 X_W 有不同的影响。本实验确定在其他条件不变的情况下 X_D 和 X_W 随回流比变化的情况。

三、技术指标

1. 塔体内径 20 mm,填料高度 1.4 m。

2. 塔釜容积 1 L,加热功率 3 kW,最高使用温度 250 ℃。

3. 进料预热器:两套,各加热功率 500 W。

4. 塔体外壁保温加热功率(三段塔体加一段回流段)各 1.0 kW,共 4 kW。

5. 填料:316 L 不锈钢 θ 型网环。

6. 自动控温精度 FS≤0.2%。

7. 设备含真空系统一套。

四、实验流程与面板布置

1. 仪表盘板面布置 如图 6.6-1 所示。

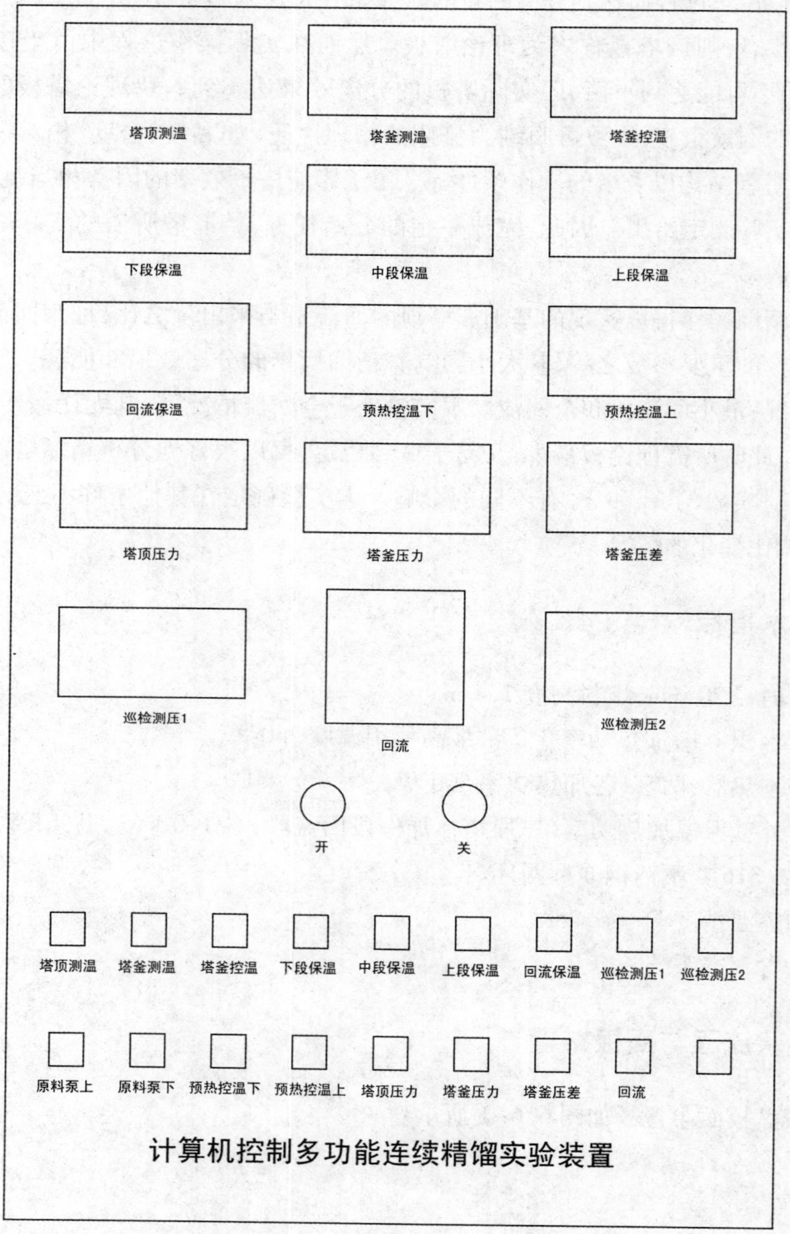

塔顶测温

塔釜测温

塔釜控温

下段保温

中段保温

上段保温

回流保温

预热控温下

预热控温上

塔顶压力

塔釜压力

塔釜压差

巡检测压1

回流

巡检测压2

开 关

塔顶测温　塔釜测温　塔釜控温　下段保温　中段保温　上段保温　回流保温　巡检测压1　巡检测压2

原料泵上　原料泵下　预热控温下　预热控温上　塔顶压力　塔釜压力　塔釜压差　回流

计算机控制多功能连续精馏实验装置

图 6.6-1　仪表盘板面布置

2. 流程如图 6.6-2 所示。

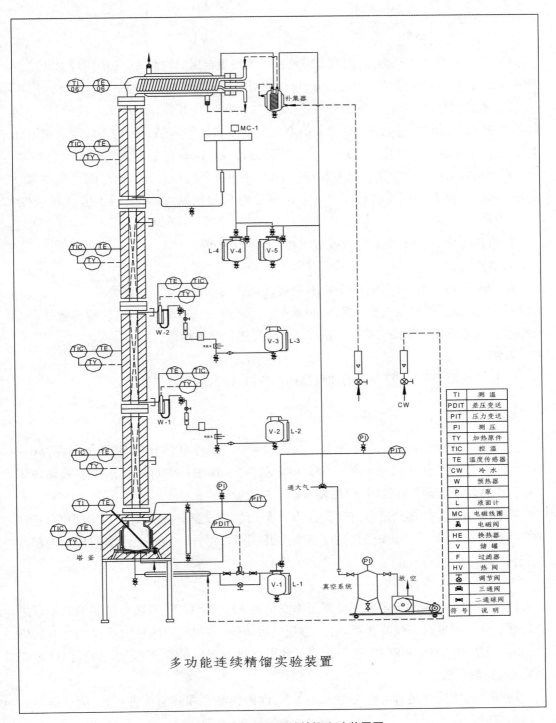

多功能连续精馏实验装置

图 6.6-2 多功能连续精馏实验装置图

五、实验操作

1. 塔安装与调试

（1）装置法兰采用凸凹面，内有聚四氟乙烯或石墨金属缠绕垫片，装塔时应对正法兰榫槽，插入后左右不能推动认为已插好，可以用对角法上紧螺栓。

（2）在连接好后，接上管路接头，在进气口通入空气或氮气。注意压力表示数，切勿超压。进气后关闭进气阀，观察压力计在 0.1 MPa 下有无下降，5 min 内不降为合格。如下降，要用肥皂水涂抹各接口处查漏，直至不降方可进行试验。

真空试漏可开启真空泵，（如有正压压力计，请预先关闭压力计下的球阀，）观察真空压力计指示。同上指标为合格。如真空试漏不容易找到漏点，可采用正压试漏，方法同上。

2. 将各部分的控温、测温热电偶放入相应位置的孔内。

3. 电路检查

（1）插好操作台板面各电路接头，检查接线端子与线上标记是否吻合。

（2）检查仪表柜内接线有无脱落，电源的火、零、地线位置是否正确，外接地线是否与机柜上有接地线标志的接线端子连接好。无误后进行升温操作。

4. 加料

进行间歇精馏时，要打开釜的加料口或取样口，加入被精馏的样品。

5. 升温

（1）合总电源开关。

（2）开启釜热控温开关，仪表有显示。进入菜单设置选项 OPH 栏，将数值设置为 0 ~ 110% 数值，设置与加热快慢有关（一般 50% 左右）。详细操作可见控温仪表操作说明（AI 人工智能工业调节器说明书）的温度给定参数设置方法。

当给定值和参数都给定后，若控制效果不好可按住设置键，使 CTLR 为 2 即可重新自整定，通常自整定需要一定时间，温度值要上升、下降、再升、再降，经过类似位式控制方式很快达到稳定值。

升温操作注意事项：

1）釜热控温仪表的给定温度要高于沸点温度 50 ~ 80 ℃，使加热有足够的温差以进行传热。其值可根据实验要求而取舍，边升温边调整，当很长时间还没有蒸汽上升到塔头内时，说明加热温度不够高，还需提高。此温度过低蒸发量少，没有馏出物；温度过高蒸发量大，易造成液泛。

2）还要再次检查是否给塔头通入冷却水，此操作必须在升温前进行，不能在塔顶有蒸汽出现时再通水。

当釜已经开始沸腾时，打开上下段保温电源，进入菜单设置选项 OPH，将数值设置为

0~20%。（注意：控温不能过大，过大会造成过热，也会因塔壁过热而变成加热器，回流液体不能与上升蒸汽进行气液相平衡的物质传递，反而会降低塔分离效率。）

3）升温后观察塔釜和塔顶温度变化，当塔顶出现气体并在塔头内冷凝时，进行全回流一段时间后可开始出料。

4）有回流比操作时，应开启回流比控制器给定比例（通电时间与停电时间的比值，通常是以秒计），此比例即采出量与回流量之比。

5）真空操作的取样比较麻烦，放料也比较麻烦，必须将进料阀门关闭后，再打开放空阀门，使储罐变成常压才能在放料口放出。

6. 停止操作

停止操作时，关闭各部分开关，关闭泵。由于塔釜保温较好，釜降温较慢，故停车后还有较多气体在塔顶馏出，待无蒸汽上升时停止通冷却水。

六、故障处理

1. 开启电源开关指示灯不亮，并且没有交流接触器吸合声，则保险坏或电源线没有接好。

2. 开启仪表等各开关时指示灯不亮，并且没有继电器吸合声，则分保险坏，或接线有脱落的地方。

3. 控温仪表、显示仪表出现四位数字，则告知热电偶有断路现象。

4. 操作中有强列的交流响声，交流接触器吸合不良，可反复开启电源开关。如果多次操作仍不消失，须拆换。

5. 真空压力突然下降，有大漏点，应停止操作，检查。

七、注意事项

1. 设备通电之前要认真检查电源线的地线是否可靠接地，接地后方可开启总电源开关。

2. 在给塔釜及塔节保温升温时，一定要先检查各个热电偶是否放在相对应的位置，经检查无误后方可升温，否则容易造成加热元件的损坏及其他可能发生的危害。

3. 设备长时间不使用时，要将设备各部件内的料液放净，并保持设备所在空间干燥，不可在湿度较高的地方长时间存放；在再次开启前，仔细检查设备整体完好情况，检查完毕后方可开启设备。

4. 人员需经培训后方可使用该设备，严禁非使用人员私自开启设备及改动设备流程和各个部件。

5. 一旦出现乙醇泄露的情况，请立即关闭室内电源，最大程度打开通风装置，组织人员迅速有序撤离现场。如果乙醇泄露发生起火,迅速关闭电源,动用灭火装置。

实验6.7 填料精馏塔理论板数的测定

精馏操作是分离、精制化工产品的重要操作。塔的理论板数决定混合物的分离程度,因此,理论板数的实际测定是极其重要的。在实验室内由精馏装置测取某些数据再通过计算得到该值,这种方法同样也可用于大型装置的理论板数校核,目前包括实验室在内使用最多的是填料精馏塔。其理论板数与塔结构、填料形状和尺寸有关,测定时要在固定结构与形式的塔内以标准组成混合物进行。

一、实验目的

1. 了解实验室填料塔的结构,学会安装、调试的操作技术。
2. 掌握精馏理论,了解精馏操作的影响因素,学会填料塔理论板数测定方法。
3. 掌握高纯物质的提纯制备方法。

二、实验原理

精馏是基于气液平衡理论的一种分离方法。对于双组分理想溶液,平衡时气相中易挥发组分浓度要比液相中的高;气相冷凝后再次进行气液平衡,则气相中易挥发组分浓度又相对提高,此种操作即是平衡蒸馏。经过多次重复的平衡蒸馏可以使两种组分分离。平衡蒸馏中每次平衡都被看作一块理论板。精馏塔就是由许多块理论板组成的,理论板越多,塔的分离效率就越高。板式塔的理论板数即为该塔的板数,而填料塔理论板用当量高度表示。精馏塔的理论板与实际板数未必一致,其中存在塔效率问题。实验室测定精馏塔的理论板数是采用间歇操作,可在回流或非回流条件下进行测定。最常用的测定方法是在全回流条件下操作,这可免去回流比、馏出速度及其他变量影响,而且试剂能反复使用,不过要在稳定条件下同时测出塔顶、塔釜组成,再由该组成通过计算或图解法进行求解。具体方法如下:

1. 计算法

二元组分在塔内具有 n 块理论板的平衡关系,用芬斯克公式表示为:

$$\frac{y_n}{1-y_n} = \alpha^n \frac{x_1}{1-x_1} \tag{6.7-1}$$

式中:y_n——n 块板上气相组成;

x_1——塔釜液相组成;

α ——相对挥发度；

n ——理论板数（包括塔釜）。

$$n = \frac{\lg\left[\left(\frac{y_n}{1-y_n}\right)\left(\frac{1-x_1}{x_1}\right)\right]}{\lg\alpha} \tag{6.7-2}$$

采用全回流操作时，塔顶为全凝器，则塔顶气相组成 y_n 就等于塔顶馏出液组成 x_D，釜液组成 $x_1 = x_W$，于是式 (6.7-2) 可写成：

$$n = \frac{\lg\dfrac{x_D(1-x_W)}{x_W(1-x_D)}}{\lg\alpha} \tag{6.7-3}$$

计算理想二元混合溶液精馏的理论板数时，可认为相对挥发度为常数。实际上，相对挥发度 α 随溶液浓度变化而改变。以平均值进行计算，其误差较小。如果有 α 随溶液浓度变化的关系式，亦可采用逐板计算法。

2. 图解法

用二元体系的气液平衡数据作 x-y 图，在平衡线与对角线间作 x_D 至 x_W 的阶梯，若相对挥发度较小，则做出的阶梯误差较大，不宜采用此法，可改用理论板数与组成关系曲线。根据测定的釜液和塔顶组成查出相应理论板数 N_D 和 N_W，则测定的理论板数为：

$$N = N_D - N_W - 1 \tag{6.7-4}$$

三、实验设备与试剂

1. 精馏装置　如图 6.7-1 所示。

2. 实验仪器

阿贝折光仪	1 台
恒温水浴	1 台
温度测定与控制仪器	1 套
取样瓶、注射器等	各 1 套

3. 试剂

正庚烷、甲基环己烷（或用苯、四氯化碳系统）。

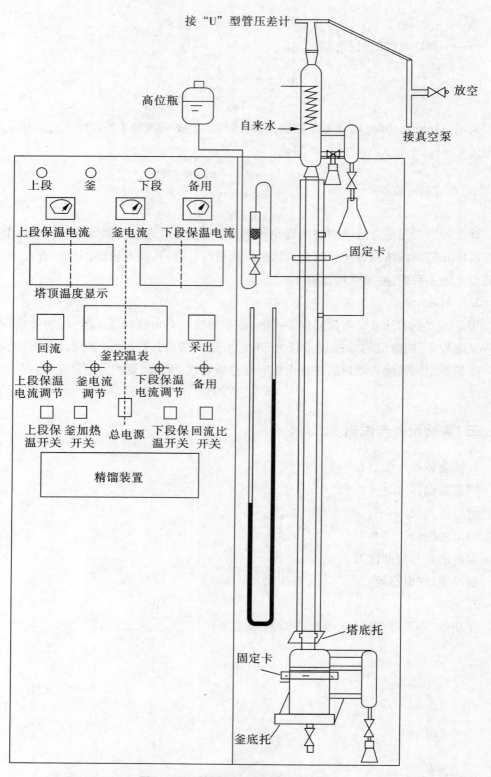

图 6.7-1 精馏装置控制面板及流程图

四、实验步骤

1. 实验前准备工作

检查精馏装置是否清洁,如有残留物和痕量水或新填料塔,应该用丙酮清洗并干燥才能使用。检查冷却水通畅否,检查温度控制和测量系统正常否。

2. 通入空气试漏,在 50 mmHg(6.7 kPa)下停留 10 min,不降低 1 mmHg(0.13 kPa)为合格。

3. 配制正庚烷和甲基环己烷混合溶液(或用苯与四氯化碳溶液代替)。

4. 打开装料磨口塞子,加入 150 mL 标准液,塞好后启动电源加热升温,同时开冷却水。初期调节加热和保温电流使釜液快速升温至沸腾并观察塔内气液状态。当塔内有液体滞留不断上升溢至塔顶后,迅速降低温度,并保持在全回流条件下稳定操作。

5. 完成回流操作后,用注射器分别在塔釜和塔顶同时取样,每次取 0.1~0.2 mL,在折光仪上测定折光指数。以后每隔 20 min 取一次样,直至二次测定结果重复为止。

第一次取样前应轻轻转动活塞放出几滴水或低沸物,每次取样必须用新注射器和针头。

6. 回流量与上升蒸汽量有关,也影响板数测定。改变上升蒸汽量后,还可收集液体测出上升蒸汽量数据。

五、数据处理

1. 按表 6.7-1 内容填写实验记录,并整理汇总。

表 6.7-1　填料塔理论板数测定记录表

物料名称　　　　　　　　加料量:　　　　mL　　　　日期:

时间	加　热		釜温 /(℃)	顶温 /(℃)	组　成		上升蒸汽量 /(g)
	加热电流 /(A)	保温电流 上/下/(A)			馏出液 /(wt%)	釜液 /(wt%)	

2.根据实验数据计算用折光率测定实验物料组成对应的理论板数。

3.计算每块理论板的等板高度。

4.讨论实验结果。

六、思考题

1.为什么要预液泛操作？

2.为什么在全回流稳定条件下测理论板数？

3.如何计算相对挥发度？怎样通过逐板计算的方法求理论塔板数？

七、本实验中涉及的危险化学品

1.本实验涉及的危险化学品主要有正庚烷、甲基环己烷、苯、四氯化碳、丙酮。

2.本实验涉及的危险化学品的性质及危害

（1）正庚烷

性质：无色易挥发液体。熔点-90.5 ℃；沸点98.5 ℃；相对密度（水=1）：0.68；相对蒸气密度（空气=1）：3.45；饱和蒸气压5.33 kPa（22.3 ℃）；燃烧热4806.6 kJ/mol；临界温度266.98 ℃；临界压力2.74 MPa；闪点-4 ℃；引燃温度204 ℃；爆炸上限（V/V）：6.7%；爆炸下限（V/V）：1.1%；不溶于水，溶于醇，可混溶于乙醚、氯仿。

健康危害：本品有麻醉作用和刺激性，吸入本品蒸气可引起眩晕、恶心、厌食、欣快感和步态蹒跚，甚至出现意识丧失和木僵状态；对皮肤有轻度刺激性，长期接触可引起神经衰弱综合征，少数人有轻度中性白细胞减少，消化不良。

危险特性：易燃，其蒸气与空气可形成爆炸性混合物，遇热源和明火有燃烧爆炸的危险；与氧化剂接触发生化学反应或引起燃烧，高速冲击、流动、激荡后可因产生静电火花放电引起燃烧爆炸。其蒸气比空气重，能在较低处扩散到相当远的地方，遇火源会着火回燃。有害燃烧产物为一氧化碳、二氧化碳。

急性毒性：LD_{50} 222 mg/kg（小鼠静脉），LC_{50} 75000 mg/m^3，2 h（小鼠吸入）。

其他有害作用：该物质对环境可能有危害，对水体和大气可造成污染，在对人类重要食物链中，特别是在鱼类体内发生生物蓄积。

废弃处置方法：处置前应参阅国家和地方有关法规。建议用焚烧法处置。

（2）甲基环己烷

性质：无色液体。熔点-126.4 ℃；相对密度（水=1）：0.79；沸点（℃）：100.3；相对蒸气密度（空气=1）：3.39；饱和蒸气压（kPa）：5.33（22 ℃）。

燃烧热（kJ/mol）：4563.7；临界温度（℃）：299.1；临界压力（MPa）：3.48；闪点（℃）：-3.8；爆炸上限%（V/V）：6.7；引燃温度（℃）：250；爆炸下限%（V/V）：1.2；不溶于水，溶

于乙醇、乙醚、丙酮、苯、石油醚、四氯化碳等。可燃。

侵入途径：吸入、食入、经皮吸收。

健康危害：皮肤接触可引起发红、干燥皲裂、溃疡等。至今无中毒报道。动物实验该品毒性类似环己烷，但麻醉作用比环己烷强。

环境危害：对环境有危害，对水体、土壤和大气可造成污染。

燃爆危险：该品易燃。其蒸气与空气可形成爆炸性混合物，遇热源和明火有燃烧爆炸的危险。与氧化剂能发生强烈反应，引起燃烧或爆炸。在火场中，受热的容器有爆炸危险。高速冲击、流动、激荡后可因产生静电火花放电引起燃烧爆炸。其蒸气比空气重，能在较低处扩散到相当远的地方，遇明火会引着回燃。燃烧（分解）产物为一氧化碳、二氧化碳。

毒性：属低毒类。急性毒性：LD50：2250 mg/kg（小鼠经口）；LC50：41500 mg/m^3，2 h（小鼠吸入）。

（3）苯

性质：最简单的芳烃，在常温下是甜味、可燃、有致癌毒性的无色透明液体，并带有强烈的芳香气味。它难溶于水，易溶于有机溶剂，本身也可作为有机溶剂。苯的沸点为80.1 ℃，熔点为5.5 ℃。苯比水密度低，密度为0.88 g/ml，但其分子质量比水重。苯难溶于水，1 升水中最多溶解1.7g 苯；但苯是一种良好的有机溶剂，溶解有机分子和一些非极性的无机分子的能力很强，除甘油、乙二醇等多元醇外能与大多数有机溶剂混溶。除碘和硫稍溶解外，无机物在苯中不溶解。

苯能与水生成恒沸物，沸点为69.25 ℃，含苯91.2%。因此，在有水生成的反应中常加苯蒸馏，以将水带出。摩尔质量78.11 g/mol；爆炸上限（体积分数）8%；爆炸下限（体积分数）1.2%；燃烧热3264.4 kJ/mol。

健康危害：由于苯的挥发性大，暴露于空气中很容易扩散。人和动物吸入或皮肤接触大量苯进入体内，会引起急性和慢性苯中毒。

毒理资料

LD$_{50}$：3306 mg/kg（大鼠经口）；48 mg/kg（小鼠经皮）

LC$_{50}$：10000ppm 7 小时（大鼠吸入）

（4）四氯化碳

性质：一种无色有毒液体，能溶解脂肪、油漆等多种物质，易挥发液体，具氯仿的微甜气味。分子量153.84，在常温常压下密度1.595 g/cm^3（20 ℃），沸点76.8 ℃，蒸气压15.26 kPa（25 ℃），蒸气密度5.3 g/L。四氯化碳与水互不相溶，可与乙醇、乙醚、氯仿及石油醚等混溶。它不易燃，曾作为灭火剂。

健康危害：高浓度该品蒸气对黏膜有轻度刺激作用，对中枢神经系统有麻醉作用，对肝、肾有严重损害。

燃爆危险:该品不燃,有毒。

(5)丙酮

性质:是一种无色透明液体,有特殊的辛辣气味。易溶于水和甲醇、乙醇、乙醚、氯仿、吡啶等有机溶剂,易燃、易挥发,化学性质较活泼。熔点(℃):−94.6;沸点(℃):56.5;相对密度(水=1):0.788;相对蒸气密度(空气=1):2.00;饱和蒸气压(kPa):53.32(39.5 ℃);燃烧热(kJ/mol):1788.7;临界温度(℃):235.5;临界压力(MPa):4.72;辛醇/水分配系数的对数值:−0.24;引燃温度(℃):465;爆炸下限%(V/V):2.5;爆炸上限%(V/V):12.8;溶解性:与水混溶,可混溶于乙醇、乙醚、氯仿、油类、烃类等多数有机溶剂。

健康危害:急性中毒主要表现为对中枢神经系统的麻醉作用,出现乏力、恶心、头痛、头晕、易激动。重者发生呕吐、气急、痉挛,甚至昏迷。对眼、鼻、喉有刺激性。长期接触该品出现眩晕、灼烧感、咽炎、支气管炎、乏力、易激动等,皮肤长期反复接触可致皮炎。

燃爆危险:该品极度易燃,具刺激性。

3. 急救措施

(1)正庚烷

皮肤接触:脱去污染的衣着,用肥皂水和清水彻底冲洗皮肤。

眼睛接触:提起眼睑,用流动清水或生理盐水冲洗,就医。

吸入:迅速脱离现场至空气新鲜处,保持呼吸道通畅。如呼吸困难,给输氧,如呼吸停止,立即进行人工呼吸,就医。

灭火方法:喷水冷却容器,可能的话将容器从火场移至空旷处。处在火场中的容器若已变色或从安全泄压装置中产生声音,必须马上撤离。

灭火剂:泡沫、二氧化碳、干粉、砂土。用水灭火无效。

储存注意事项:储存于阴凉、通风的库房,远离火种、热源,库温不宜超过30 ℃。保持容器密封,应与氧化剂分开存放,切忌混储。采用防爆型照明、通风设施。禁止使用易产生火花的机械设备和工具,储区应备有泄漏应急处理设备和合适的收容材料。

工程控制:生产过程密闭,全面通风,提供安全淋浴和洗眼设备。

呼吸系统防护:空气中浓度较高时,佩戴过滤式防毒面具(半面罩);眼睛防护:戴安全防护眼镜;身体防护:穿防静电工作服;手防护:戴橡胶耐油手套。

其他防护:工作现场严禁吸烟。避免长期反复接触。

禁配物:强氧化剂。

(2)甲基环己烷

1)急救措施

皮肤接触:立即脱去污染的衣着,用肥皂水和清水彻底冲洗皮肤。就医。

眼睛接触:提起眼睑,用流动清水或生理盐水冲洗。就医。

吸入:迅速脱离现场至空气新鲜处,保持呼吸道通畅。如呼吸困难,给输氧,如呼吸停止,立即进行人工呼吸。就医。

2)消防措施

有害燃烧产物:一氧化碳、二氧化碳。

灭火方法:喷水冷却容器,可能的话将容器从火场移至空旷处。处在火场中的容器若已变色或从安全泄压装置中产生声音,必须马上撤离。

灭火剂:泡沫、二氧化碳、干粉、砂土。用水灭火无效。

灭火注意事项及措施:消防人员必须佩戴空气呼吸器、穿全身防火防毒服,在上风向灭火。喷水冷却容器,可能的话将容器从火场移至空旷处。容器突然发出异常声音或出现异常现象,应立即撤离。用水灭火无效。

3)泄漏应急处理

应急处理:迅速撤离泄漏污染区人员至安全区,并进行隔离,严格限制出入。切断火源。建议应急处理人员戴自给正压式呼吸器,穿防静电工作服。尽可能切断泄漏源,防止流入下水道、排洪沟等限制性空间。

小量泄漏:用活性炭或其他惰性材料吸收,也可以用不燃性分散剂制成的乳液刷洗,洗液稀释后放入废水系统。

4)操作与储存

操作注意事项:密闭操作,全面通风。操作人员必须经过专门培训,严格遵守操作规程。建议操作人员佩戴过滤式防毒面具(半面罩),穿防静电工作服,戴橡胶耐油手套。远离火种、热源,工作场所严禁吸烟。使用防爆型的通风系统和设备,防止蒸气泄漏到工作场所空气中。避免与氧化剂接触。灌装时应控制流速,且有接地装置,防止静电积聚。配备相应品种和数量的消防器材及泄漏应急处理设备。倒空的容器可能残留有害物。

储存注意事项:储存于阴凉、通风的库房,远离火种、热源,库温不宜超过 30 ℃。保持容器密封,应与氧化剂分开存放,切忌混储。采用防爆型照明、通风设施,禁止使用易产生火花的机械设备和工具。储区应备有泄漏应急处理设备和合适的收容材料。

(3)苯

安全措施:贮于低温通风处,远离火种、热源,与氧化剂、食用化学品等分储,禁止使用易产生火花的工具。

灭火方法:用泡沫、干粉、二氧化碳、砂土灭火剂。用水灭火无效。

急救处理:吸入中毒者,应迅速将患者移至空气新鲜处,脱去被污染衣服,松开所有的衣服及颈、胸部纽扣、腰带,使其静卧,口鼻如有污垢物,要立即清除,以保证肺通气正常,呼吸通畅,并且要注意身体的保暖。

皮肤中毒者,应换去被污染的衣服和鞋袜,用肥皂水和清水反复清洗皮肤和头发。

有昏迷、抽搐患者,应及早清除口腔异物,保持呼吸道的通畅,由专人护送医院救治。

（4）四氯化碳

1）急救措施

皮肤接触：脱去污染的衣着，用肥皂水和清水彻底冲洗皮肤。就医。

眼睛接触：提起眼睑，用流动清水或生理盐水冲洗。就医。

吸入：迅速脱离现场至空气新鲜处，保持呼吸道通畅。如呼吸困难，给输氧，如呼吸停止，立即进行人工呼吸。就医。

2）消防措施

危险特性：该品不会燃烧，但遇明火或高温易产生剧毒的光气和氯化氢烟雾。在潮湿的空气中逐渐分解成光气和氯化氢。

有害燃烧产物：光气、氯化物。

灭火方法：消防人员必须佩戴过滤式防毒面具（全面罩）或隔离式呼吸器、穿全身防火防毒服，在上风向灭火。

灭火剂：雾状水、二氧化碳、砂土。

3）泄漏处理

应急处理：迅速撤离泄漏污染区人员至安全区，并进行隔离，严格限制出入。建议应急处理人员戴自给正压式呼吸器，穿防毒服。不要直接接触泄漏物，尽可能切断泄漏源。

小量泄漏：用活性炭或其他惰性材料吸收。

4）注意事项

操作注意事项：密闭操作，加强通风。操作人员必须经过专门培训，严格遵守操作规程。建议操作人员佩戴直接式防毒面具（半面罩），戴安全护目镜，穿防毒物渗透工作服，戴防化学品手套，防止蒸气泄漏到工作场所空气中。避免与氧化剂、活性金属粉末接触。搬运时要轻装轻卸，防止包装及容器损坏。配备泄漏应急处理设备。倒空的容器可能残留有害物。

储存注意事项：储存于阴凉、通风的库房，远离火种、热源。库温不超过 30 ℃，相对湿度不超过 80%。保持容器密封，应与氧化剂、活性金属粉末、食用化学品分开存放，切忌混储。储区应备有泄漏应急处理设备和合适的收容材料。

（5）丙酮

1）急救措施

皮肤接触：脱去污染的衣着，用肥皂水和清水彻底冲洗皮肤。

眼睛接触：提起眼睑，用流动清水或生理盐水冲洗。就医。

吸入：迅速脱离现场至空气新鲜处，保持呼吸道通畅。如呼吸困难，给输氧，如呼吸停止，立即进行人工呼吸。就医。

2）消防措施

危险特性：其蒸气与空气可形成爆炸性混合物，遇明火、高热极易燃烧爆炸。与氧化剂能发生强烈反应。其蒸气比空气重,能在较低处扩散到相当远的地方,遇火源会着火回燃。若遇高热,容器内压增大,有开裂和爆炸的危险。

有害燃烧产物:一氧化碳、二氧化碳。

灭火方法:尽可能将容器从火场移至空旷处。喷水保持火场容器冷却,直至灭火结束。处在火场中的容器若已变色或从安全泄压装置中产生声音,所有人员必须马上撤离。

灭火剂:抗溶性泡沫、二氧化碳、干粉、砂土。用水灭火无效。

3)泄漏应急处理

应急处理:迅速撤离泄漏污染区人员至安全区,并进行隔离,严格限制出入。切断火源。建议应急处理人员戴自给正压式呼吸器,穿防静电工作服。尽可能切断泄漏源,防止流入下水道、排洪沟等限制性空间。

小量泄漏:用砂土或其他不燃材料吸附或吸收。也可以用大量水冲洗,洗水稀释后放入废水系统。

4)操作注意事项

密闭操作,全面密封。操作人员必须经过专门培训,严格遵守操作规程。建议操作人员佩戴过滤式防毒面具(半面罩),戴安全防护眼镜,穿防静电工作服,戴橡胶耐油手套。远离火种、热源,工作场所严禁吸烟。使用防爆型的通风系统和设备。防止蒸气泄漏到工作场所空气中。避免与氧化剂、还原剂、碱类接触。灌装时应控制流速,且有接地装置,防止静电积聚。搬运时要轻装轻卸,防止包装及容器损坏。配备相应品种和数量的消防器材及泄漏应急处理设备。倒空的容器可能残留有害物。

实验 6.8 双氧水催化丙烯环氧丙烷反应

目前,工业上生产环氧丙烷(简称 PO)的主要方法是氯醇法和共氧化法,这两种方法占世界总产量的 99% 以上。另外日本住友化学采用自主开发的过氧化异丙苯法(CHP法)生产。2006 年全球 PO 生产能力约为 724 万 t 左右,新增长生产能力约为 43 万 t/a,主要有壳牌公司与中海油在中国惠州建设的 25 万 t/a 的环氧丙烷装置,日本住友化学公司和西班牙 Repsol 公司两个扩能 5 万 t/a 项目。另外亚洲地区还有一些扩建装置相继投产。预计未来几年,全球环氧丙烷年均增长速度约为 6% 左右。就国内形势看,预计 2007 年将新增生产能力约 26 万 t/a,至 2009 年我国 PO 产能将达到 158.5 万 t/a 左右。

目前 PO 生产技术开发的发展动向主要是传统 PO 生产技术的改进和丙烯氧化新工艺研究开发等两个方面。

氯醇法采用氯气、水与丙烯发生氯醇化反应,生成中间体氯丙醇,然后用石灰水皂化制得 PO。每产 1 t PO 需耗用氯气 1.35～1.65 t，副产二氯丙烷 120～190 kg，产生废渣约 2 t，含有机物废水 40～80 t。该法技术成熟，投资较低，但是需耗用大量氯气，生产过程中产生的次氯酸还严重腐蚀设备，产生大量石灰渣和含氯废水，综合治理投资较大。

共氧化法利用不同有机氢过氧化物与丙烯环氧化生产环氧丙烷。根据原料和联产品的不同，该法分为乙苯共氧化法和异丁烷共氧化法。与氯醇法工艺相比，共氧化法大幅度提高了单套装置的生产规模，减少了污水的排放等。这在一定程度上克服了氯醇法"三废"污染严重、腐蚀大和需求氯资源的缺点，但也有其不利之处，如工艺流程长、防爆要求严、投资大、对原料规格要求高、操作条件严格、联产品比例大等，每生产 1 t 环氧丙烷有 2.5 t 叔丁醇或 1.8 t 苯乙烯生成，远超过主产品的产量，而且副产品的市场需求量波动大，所以 PO 生产受市场因素制约严重。因此，PO/SM 间接氧化法装置必须考虑对联产品有需求，才能显出其优越性。

由于以上两种工艺，尤其是氯醇法工艺的种种不足及其对环境的污染严重，因此开发流程简单、副产物少和无污染的绿色工艺越来越受到重视，丙烯直接氧化法因具有以上多种优点而成为国内外许多公司研究热点。

一、实验目的

1. 了解以丙烯为原料，在固定床单管反应器制备环氧丙烷的过程，学会设计实验流程和操作。

2. 掌握操作条件对产物收率的影响，学会稳定工艺条件的方法。

3. 掌握催化剂的填装和使用方法。

4. 练习、掌握反应产物分析方法。

二、实验综合知识点

完成本实验的测试和数据处理与分析，需要综合应用以下知识：

（1）化学反应工程关于反应转化率、收率、选择性等概念及其计算，等温式固定床催化反应器的特点。

（2）化工工艺学关于烯烃环氧化反应的一般规律，基本原理、反应条件选择、工艺流程和反应器等。

（3）催化剂工程导论关于工业催化剂的评价方法。

（4）仪器分析关于气相色谱分析的测试方法。

三、实验原理

本实验以 TS-1 分子筛为催化剂，采用丙烯气相进料，在预混反应器的预混段中先与双氧水的甲醇溶液混合后进入固定床的催化剂层,在低压固定床反应器中考察进料对丙烯环氧化连续反应中 TS-1 分子筛为催化剂的催化性能。实验室常用等温反应器,它以外部供热方式控制反应温度,催化剂床层高度不宜过长。

本反应目标产物为环氧乙烷。可能的副产物有丙二醇单甲醚、二聚醚和多聚醚,这些副产物也是造成 TS-1 分子筛为催化剂失活的主要原因。

四、实验装置与试剂

1. 实验装置

丙烯环氧化实验装置流程见图 6.8-1,不锈钢反应器示意见图 6.8-2。

丙烯由丙烯钢瓶减压经缓冲罐,由质量流量计调节计量后气相从底部进入固定床反应器;将甲醇与双氧水按一定体积混合配制反应料液,由无脉冲平流泵计量打入预混固定床反应器,在预混固定床反应器中气液相混合后,进入催化剂床层进行环氧化反应。采用恒温水浴外循环水泵使水在预混固定床反应器夹套循环控制反应温度;由背压阀控制反应压力,如低于所需反应压力,由氮气加压控制。

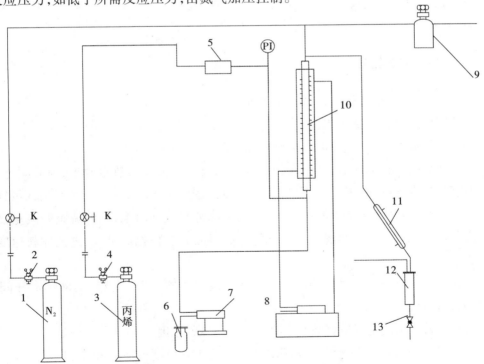

图 6.8-1　过氧化氢固定床催化反应实验装置流程示意

TI-测温热电偶;PI-压力计;V-截止阀;K-调节阀

1-氮气钢瓶;2-氮气减压阀;3-丙烯钢瓶;4-丙烯减压阀;5-质量流量计;6-加料罐;7-计量泵;
8-恒温水浴;9-背压阀;10-固定床反应器;11-冷凝器;12-气液分离器;13-取样器

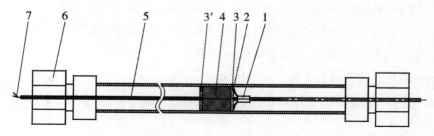

图 6.8-2　不锈钢反应器

1-三角架；2-丝网；3、3'-玻璃毛；4-催化剂；5-测温套管；6-锣帽；7-热电偶

2. 试剂

液化丙烯气体，聚合级；双氧水；甲醇；

3. 仪器

无脉冲加料泵	1 台
氮气钢瓶	1 个
丙烯钢瓶	1 个
反应器及温度控制仪	1 套
背压阀	1 个

五、实验步骤及方法

1. 组装流程，检查各接口，试漏（空气或氮气）。

2. 检查电路是否连接妥当。

3. 打开恒温水浴，预先使循环水温度稳定在一定范围。

4. 上述准备工作完成后，开始在预混固定床反应器夹套通热水升温，预混固定床反应器温度控制在 50~80 ℃。待反应器温度达到预定温度后，先以一定流量通入氮气，调节背压阀，使反应系统维持所需压力，再开启无脉冲平流加料泵，同时调整好流量，向预混反应器加入双氧水的甲醇溶液，最后通丙烯气体，并严格控制进气、进液体料速度，使之稳定。

4. 在每个反应条件下稳定 30 min 后，从气液分离器上游（左侧）的液体取样阀（双阀）取液体样品。

用间接碘量法测定反应料液及产物中过氧化氢的浓度。

用气相色谱仪分析产物组成，检测用 HP-1 毛细管色谱柱，FID 检测器。

5. 反应完毕后停止加丙烯原料气，停泵，最后停通氮气。停止夹套通水，关闭恒温水浴。因为是气、液进料反应系统，应注意检查可能造成倒吸的因素，并及时关闭有关进气进液阀门，打开从气液分离器上部的放空阀门。

6. 实验结束后关闭水、电、各种气体钢瓶。

六、数据处理

根据实验内容设计记录表格,记录实验数据(表6.8-1)。

1. 原始记录 室温: 大气压:

表 6.8-1 双氧水催化丙烯环氯化反应测定记录表

时间/min							
反应压力/MPa							
循环水温度/℃							
反应温度/℃							
双氧水甲醇溶液进料速率/(mL/min)							
双氧水进料组成 $x_{H_2O_2,in}$							
双氧水出料组成 $x_{H_2O_2,out}$							
丙烯进气速率/(mL/min)							
产物组成分析							

2. 按下式处理数据

H_2O_2 转化率 $\quad x_{H_2O_2} = \dfrac{x_{H_2O_2,in} - x_{H_2O_2,out}}{x_{H_2O_2,in}} \times 100\%$

PO 选择性 $\quad S_{PO} = \dfrac{n_{PO}}{n_{PO} + n_{NME} + n_{PG}} \times 100\%$

PO 收率 $\quad y_{PO} = \dfrac{生成环氧丙烷的质量}{加入双氧水能生成环氧丙烷} \times 100\%$

七、安全注意事项

1. 试验用丙烯为易燃易爆气体,实验室严禁烟火,电气照明设备等也应为防爆型,并维持实验室的通风换气,实验尾气应连接放空管线在安全的位置向室外放空。

2. 因为是气、液进料反应系统,应注意检查可能造成倒吸的因素,并及时关闭有关进气进液阀门,打开从气液分离器上部的放空阀门。

3.装置所配置的气体质量流量计、精密控温仪、无脉冲加料泵均为高档精密贵重的设备,未认真阅读设备说明书并得到指导教师同意的,学生不得擅自操作和拆装。

八、实验中涉及的危险化学品

1.本实验涉及的危险化学品主要有丙烯、环氧乙烷、双氧水、甲醇。

2.本实验涉及的危险化学品的性质及危害

(1)丙烯。丙烯是三大合成材料的基本原料,主要用于生产聚丙烯、丙烯腈、异丙醇、丙酮和环氧丙烷等。

性质:常温下为无色、稍带有甜味的气体。分子量42.08,液态密度0.5139 g/cm^3(20/4 ℃),气体密度1.905(0 ℃,101325Pa. abs),冰点-185.3 ℃,沸点-47.4 ℃。它稍有麻醉性,在815 ℃、101.325 kPa下全部分解。易燃,爆炸极限为2% ~ 11%。不溶于水,溶于有机溶剂,是一种属低毒类物质。

健康危害:本品为单纯窒息剂及轻度麻醉剂。人吸入丙烯可引起意识丧失,当浓度为15%时,需30 min;24%时,需3 min;35% ~40%时,需20 s;40%以上时,仅需6 s,并引起呕吐。长期接触可引起头昏、乏力、全身不适、思维不集中,个别人胃肠道功能发生紊乱。

环境危害:对环境有危害,对水体、土壤和大气可造成污染。

燃爆危险:本品易燃。

(2)环氧乙烷。

性质:最简单的环醚,属于杂环类化合物,是重要的石化产品。环氧乙烷在低温下为无色透明液体,在常温下为无色带有醚刺激性气味的气体,气体的蒸汽压高,30 ℃时可达141 kPa,这种高蒸汽压决定了环氧乙烷熏蒸消毒时穿透力较强。相对密度(水 = 1)0.8711;折射率1.3614(4 ℃);沸点10.4 ℃;相对蒸气密度(空气=1)1.52;职业接触限值:阈限值1ppm(时间加权平均值);A2(可疑人类致癌物)(美国政府工业卫生学家会议,2004 年)。时间加权平均容许浓度(PC-TWA):2 mg/m^3(GBZ2.1—2007《工作场所有害因素职业接触限值第一部分:化学有害物质》)饱和蒸气压(kPa):145.91(20 ℃);燃烧热(kJ/mol):1262.8;临界温度(℃):195.8;临界压力(MPa):7.19;辛醇/水分配系数的对数值:-0.30;爆炸极限%(V/V):3 ~100;引燃温度(℃):429;溶解性:与水可以任何比例混溶,能溶于醇、醚。

健康危害:是一种中枢神经抑制剂、刺激剂和原浆毒物。急性中毒时,患者有剧烈的搏动性头痛、头晕、恶心和呕吐、流泪、呛咳、胸闷、呼吸困难;重者全身肌肉颤动、言语障碍、共济失调、出汗、神志不清,以致昏迷,还可见心肌损害和肝功能异常。抢救恢复后可有短暂精神失常,迟发性功能性失音或中枢性偏瘫。皮肤接触迅速发生红肿,数小时后起泡,反复接触可致敏。液体溅入眼内,可致角膜灼伤。长期少量接触,可见有神经衰弱综合征和自主神经功能紊乱。

环境危害:对环境有危害。

燃爆危险:该品易燃,有毒,为致癌物,具刺激性,具致敏性。

(3) 双氧水。

性质:纯过氧化氢是淡蓝色的黏稠液体,可任意比例与水混溶,是一种强氧化剂,水溶液俗称双氧水,为无色透明液体。溶于醇、乙醚,不溶于苯、石油醚。熔点-0.43 ℃,沸点 150.2 ℃,纯的过氧化氢其分子构型会改变,所以熔沸点也会发生变化。凝固点时固体密度为 1.71 g/cm³,密度随温度升高而减小。它的缔合程度比 H_2O 大,所以它的介电常数和沸点比水高。

危险特性:爆炸性强氧化剂。过氧化氢自身不燃,但能与可燃物反应放出大量热量和氧气而引起着火爆炸。过氧化氢在 pH 值为 3.5 ~ 4.5 时最稳定,在碱性溶液中极易分解,在遇强光,特别是短波射线照射时也能发生分解。当加热到 100 ℃ 以上时,开始急剧分解。它与许多有机物如糖、淀粉、醇类、石油产品等形成爆炸性混合物,在撞击、受热或电火花作用下能发生爆炸。过氧化氢与许多无机化合物或杂质接触后会迅速分解而导致爆炸,放出大量的热量、氧和水蒸气。大多数重金属(如铜、银、铅、汞、锌、钴、镍、铬、锰等)及其氧化物和盐类都是活性催化剂,尘土、香烟灰、碳粉、铁锈等也能加速分解。浓度超过 69% 的过氧化氢,在具有适当的点火源或温度的密闭容器中,会产生气相爆炸。

侵入途径:皮肤接触、吸入、食入。

健康危害:高浓度过氧化氢有强烈的腐蚀性。吸入该品蒸气或雾对呼吸道有强烈刺激性。眼直接接触液体可致不可逆损伤甚至失明。

(4) 甲醇。

性质:无色有酒精气味易挥发的液体。熔点(℃):-97.8;沸点(℃):64.7;相对密度(水 =1):0.79;相对蒸气密度(空气 =1):1.1;饱和蒸气压(kPa):12.3(20 ℃);燃烧热(kJ/mol):726.51;临界温度(℃):240;临界压力(MPa):7.95;辛醇/水分配系数:-0.82 ~ -0.77;闪点(℃):8(CC);12.2(OC);自燃温度(℃):436;爆炸上限(%):36.5;爆炸下限(%):6;溶解性:溶于水,可混溶于醇类、乙醚等多数有机溶剂。

健康危害:甲醇被大众所熟知,具有毒性。工业酒精中大约含有 4% 的甲醇,若被不法分子当作食用酒精制作假酒,饮用后,会产生甲醇中毒。甲醇的致命剂量大约是 70 mL。

甲醇的毒性对人体的神经系统和血液系统影响最大,它经消化道、呼吸道或皮肤摄入都会产生毒性反应,甲醇蒸气能损害人的呼吸道黏膜和视力。在甲醇生产工厂,中国有关部门规定,空气甲醇的浓度限制为 PC-stel =50 mg/m³,PC-TWA =25 mg/m³,在有甲醇气的现场工作须戴防毒面具,工厂废水要处理后才能排放,允许含量小于 200 mg/L 的甲醇。

甲醇的中毒机理是,甲醇经人体代谢产生甲醛和甲酸(俗称蚁酸),然后对人体产生伤害。常见的症状是,先是产生喝醉的感觉,数小时后头痛,恶心,呕吐,以及视线模糊。严重者会失明,乃至丧命。失明的原因:甲醇的代谢产物甲酸累积在眼睛部位,破坏视觉神经细胞。脑神经也会受到破坏,而产生永久性损害。甲酸进入血液后,会使组织酸性越来越强,损害肾脏导致肾衰竭。

毒性:属低毒毒性。

3. 急救措施

(1)丙烯

1)急救措施。吸入:迅速脱离现场至空气新鲜处。保持呼吸道通畅。如呼吸困难,给输氧。如呼吸停止,立即进行人工呼吸。就医。

2)消防措施。

危险特性:易燃,与空气混合能形成爆炸性混合物,遇热源和明火有燃烧爆炸的危险。与二氧化氮、四氧化二氮、氧化二氮等激烈化合,与其他氧化剂接触剧烈反应。气体比空气重,能在较低处扩散到相当远的地方,遇火源会着火回燃。

有害燃烧产物:一氧化碳、二氧化碳。

灭火方法:切断气源。若不能切断气源,则不允许熄灭泄漏处的火焰。喷水冷却容器,可能的话将容器从火场移至空旷处。灭火剂:雾状水、泡沫、二氧化碳、干粉。

3)泄漏应急处理。应急处理:迅速撤离泄漏污染区人员至上风处,并进行隔离,严格限制出入。切断火源。建议应急处理人员戴自给正压式呼吸器,穿防静电工作服。尽可能切断泄漏源。用工业覆盖层或吸附/吸收剂盖住泄漏点附近的下水道等地方,防止气体进入。合理通风,加速扩散。喷雾状水稀释、溶解。

(2)环氧乙烷

1)急救措施。

皮肤接触:立即脱去污染的衣着,用大量流动清水冲洗至少15 min。就医。

眼睛接触:立即提起眼睑,用大量流动清水或生理盐水彻底冲洗至少15 min。就医。

吸入:迅速脱离现场至空气新鲜处。保持呼吸道通畅。如呼吸困难,给输氧。如呼吸停止,立即进行人工呼吸。呼吸心跳停止时,立即进行人工呼吸和胸外心脏按压术。

2)消防措施。

危险特性:其蒸气能与空气形成范围广阔的爆炸性混合物,遇热源和明火有燃烧爆炸的危险,若遇高热可发生剧烈分解,引起容器破裂或爆炸事故。接触碱金属、氢氧化物或高活性催化剂如铁、锡和铝的无水氯化物及铁和铝的氧化物可大量放热,并可能引起爆炸。其蒸气比空气重,能在较低处扩散到相当远的地方,遇火源会着火回燃。

有害燃烧产物:一氧化碳、二氧化碳。

灭火方法:切断气源。若不能切断气源,则不允许熄灭泄漏处的火焰。喷水冷却容器,可能的话将容器从火场移至空旷处。

灭火剂:雾状水、抗溶性泡沫、干粉、二氧化碳。

3)泄漏应急。应急处理:迅速撤离泄漏污染区人员至上风处,并立即隔离 150 m,严格限制出入。切断火源。建议应急处理人员戴自给正压式呼吸器,穿防静电工作服。尽可能切断泄漏源。用工业覆盖层或吸附/吸收剂盖住泄漏点附近的下水道等地方,防止气体进入。合理通风,加速扩散。喷雾状水稀释、溶解。

(3)双氧水

1)防护措施

呼吸系统防护:可能接触其蒸气时,应该佩戴自吸过滤式防毒面具(全面罩)。

眼睛防护:呼吸系统防护中已作防护。

身体防护:穿聚乙烯防毒服。

手防护:戴氯丁橡胶手套。

其他:工作现场严禁吸烟。工作毕,淋浴更衣,注意个人清洁卫生。

2)泄漏处理

迅速撤离泄漏污染人员至安全区,并进行隔离,严格限制出入。建议应急处理人员戴自给正压式呼吸器,穿防酸碱工作服。尽可能切断泄漏源,防止进入下水道、排洪沟等限制性空间。

小量泄漏:用砂土、蛭石或其他惰性材料吸收,也可以用大量水冲洗,洗水稀释后放入废水系统。

废弃物处置方法:废液经水稀释后发生分解,放出氧气,待充分分解后,把废液冲入下水道。

3)急救措施

皮肤接触:脱去被污染的衣着,用大量流动清水冲洗。

眼睛接触:立即提起眼睑,用大量流动清水或生理盐水彻底冲洗至少 15 min。就医。

吸入:迅速脱离现场至空气新鲜处,保持呼吸道通畅。如呼吸困难,给输氧,如呼吸停止,立即进行人工呼吸。就医。

4)灭火方法:消防人员必须穿戴全身防火防毒服。尽可能将容器从火场移至空旷处。喷水冷却火场容器,直至灭火结束。处在火场中的容器若已变色或从安全泄压装置中产生声音,必须马上撤离。灭火剂:水、雾状水、干粉、沙土。

(4)甲醇

1)中毒症状

身体危害:对中枢神经系统有麻醉作用;对视神经和视网膜有特殊选择作用,引起病变;可致代谢性酸中毒。

急性中毒:短时大量吸入出现轻度眼上呼吸道刺激症状(口服有胃肠道刺激症状);经一段时间潜伏期后出现头痛、头晕、乏力、眩晕、酒醉感、意识朦胧、谵妄,甚至昏迷。视神经及视网膜病变,可有视物模糊、复视等,重者失明。代谢性酸中毒时出现二氧化碳结合力下降、呼吸加速等。

慢性影响:神经衰弱综合征,自主神经功能失调,黏膜刺激,视力减退等。皮肤出现脱脂、皮炎等。

2)急救措施

皮肤接触:脱去污染的衣着,用肥皂水和清水彻底冲洗皮肤。

眼睛接触:提起眼睑,用流动清水或生理盐水冲洗,就医。

吸入:迅速脱离现场至空气新鲜处。保持呼吸道通畅。如呼吸困难,给输氧。如呼吸停止,立即进行人工呼吸,就医。

3)泄漏应急处理

迅速撤离泄漏污染区人员至安全区,并进行隔离,严格限制出入,切断火源。建议应急处理人员戴自给正压式呼吸器,穿防静电工作服,不要直接接触泄漏物,尽可能切断泄漏源。防止流入下水道、排洪沟等限制性空间。

小量泄漏:用砂土或其他不燃材料吸附或吸收,也可以用大量水冲洗,洗水稀释后放入废水系统。

实验6.9　萃取精馏实验

一、实验目的

1. 熟悉萃取精馏的原理和萃取精馏装置。

2. 掌握萃取精馏塔的操作方法和乙醇-水混合物的气相色谱分析法.

3. 利用乙二醇为分离剂进行萃取精馏制取无水乙醇。

二、实验原理

精馏是化工过程中重要的分离单元操作,其基本原理是根据被分离混合物中各组分相对挥发度(或沸点)的差异,通过一精馏塔经多次汽化和多次冷凝将其分离。在精馏塔底获得沸点较高(挥发度较小)产品,在精馏塔顶获得沸点较低(挥发度较大)产品。但实际生产中也常遇到各组分沸点相差很小,或者具有恒沸点的混合物,用普通精馏的方法难以完全分离。此时需采用其他精馏方法,如恒沸精馏、萃取精馏、溶盐精馏或加盐萃取精馏等。

萃取精馏是在被分离的混合物中加入某种添加剂,以增加原混合物中两组分间的相对挥发度(添加剂不与混合物中任一组分形成恒沸物),从而使混合物的分离变得很容易。所加入的添加剂为挥发度很小的溶剂(萃取剂),其沸点高于原溶液中各组分的沸点。

由于萃取精馏操作条件范围比较宽,溶剂的浓度为热量衡算和物料衡算所控制,而不是为恒沸点所控制,溶剂在塔内也不需要挥发,故热量消耗较恒沸精馏小,在工业上应用也更为广泛。

乙醇-水能形成恒沸物(常压下,恒沸物乙醇质量分数 95.57%,恒沸点 78.15 ℃),用普通精馏的方法难以完全分离。本实验利用乙二醇为分离剂进行萃取精馏的方法分离乙醇-水混合物制取无水乙醇。

由化工热力学可知,压力较低时,原溶液组分 1(轻组分)和 2(重组分)的相对挥发度可表示为

$$\alpha_{12} = \frac{P_1^s \gamma_1}{P_2^s \gamma_2} \qquad (6.9\text{-}1)$$

加入溶剂 S 后,组分 1 和 2 的相对挥发度 $(\alpha_{12})_S$ 则为

$$(\alpha_{12})_S = (P_1^s / P_2^s)_{TS} \cdot (\gamma_1 / \gamma_2)_S \qquad (6.9\text{-}2)$$

式中:$(P_1^s / P_2^s)_{TS}$——加入溶剂 S 后,三元混合物泡点下,组分 1 和 2 的饱和蒸汽压之比;

$(\gamma_1 / \gamma_2)_S$——加入溶剂 S 后,组分 1 和 2 的活度系数之比。

一般把 $(\alpha_{12})_S / \alpha_{12}$ 叫作溶剂 S 的选择性。因此,萃取剂的选择性是指溶剂改变原有组分间相对挥发度的能力。$(\alpha_{12})_S / \alpha_{12}$ 越大,选择性越好。

三、实验设备与试剂

1. 实验装置

本实验所用的精馏塔为内径 $\Phi 25$ mm×1400 mm 的玻璃塔,内装不锈钢金属丝网 $\Phi 3$ mm×3 mm 的 θ 环填料,填料高度 1250 mm。

该装置由精馏塔和仪表控制柜组成。塔身采用半导体透明膜加热、保温,可直接观察共沸精馏操作中气液流动情况。温度采用高精度稳定性优良的智能化仪表显示,带有自整定的 PID 功能。塔釜、塔顶温度用铂电阻传感器,并以高精度数字显示仪表显示,测温数据可靠。

塔釜是一个 250 mL 的小釜,设有气体取样口,塔釜用碳棒加热,存液量小。塔釜、塔顶构造比较合理,且都有一个深入内部的套管口,可插入热电阻,用来测温。用一台自动控温仪控制电加热棒或半导体加热膜,使塔釜温度不超过一个限定的值。

塔顶设有全凝器和分层器。塔釜加热沸腾后产生的蒸气由填料层经保温到达塔顶全凝器。分层器是一个构造特殊的容器,可满足各种不同操作方式的需要,它可用作分层器兼回流比调节器,当塔顶物料不分层时,它可单纯地作为回流比调节器使用,这样的设计既实现了连续精馏操作,又可进行间歇精馏操作。

2. 实验流程

实验流程见图 6.9-1。

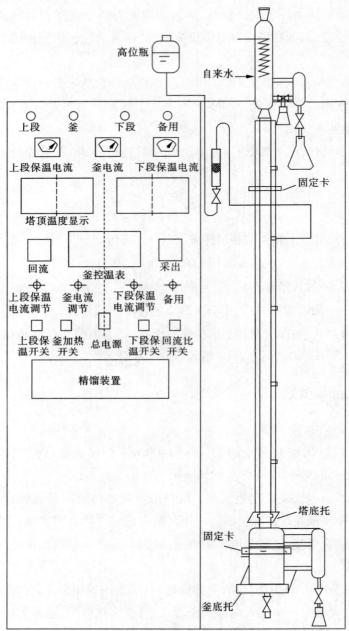

图 6.9-1　萃取精馏装置控制面板及流程图

3. 实验试剂

乙醇(分析纯),95%;乙二醇(分析纯)。

四、实验步骤和操作

1. 开启气相色谱仪,调节载气流量、汽化温度、柱温度和热导检测器温度。调节桥流,使之稳定,待产品分析用。

如实验条件许可,也可用卡尔-弗休法分析。

2. 萃取精馏塔(塔2)

(1)向塔釜内加入少许碎瓷环(以防止釜液暴沸)及 120 mL 95% 乙醇,取样分析。

向加料管分别加入溶剂乙二醇和60% ~95% 乙醇,向塔顶冷凝器通入冷却水。

(2)升温。开启总电源开关,温度显示仪有数值显示,观察各温度测点指示是否正常。

开启仪表电源开关,塔釜加热控制和各保温段加热控制 XMT-3000 仪表应有显示。按动仪表上参数给定键,仪表显示 Sn,通过增减键调节釜加热温度设定值和各保温段加热温度设定值。根据设定温度高低,用电流调节旋钮调节电流。塔釜加热温度设定值和各保温段加热温度设定值也可直接由计算机调定。

升温操作注意:

1)釜热控温仪表的设定温度要高于塔釜物料泡点 50 ~80 ℃,使传热有足够的温差,其值可根据实验的要求而调整。如蒸发量小,则应增大温差;如蒸发量大,则应减少温差,以免造成液泛。

2)升温前,再次检查冷凝器-塔头是否通入冷却水。

当釜液开始沸腾时,根据塔的操作情况调节各保温段加热温度的设定值,不能过大或过小,否则影响精馏塔操作的稳定性。本实验各保温段加热温度的设定值大约为80 ℃,各保温段加热电流大约是 0.3 mA(回收段)、0.9 mA(精馏段)和 0.5 mA(提馏段)。

(3)建立精馏塔的操作平衡。升温后注意观察塔釜、塔中、塔顶温度和釜压力的变化。塔头出现回流液时,保持全回流 30 min 左右,观察温度和回流量。釜压力过大时,注意检查是否出现液泛。当塔顶温度稳定,回流液量稳定时,可取少量塔顶产品,分析其组成。

(4)当塔顶产物组成稳定,且显示精馏塔的分离效果良好时,可开启回流比调节器,给定一回流比,维持少量出料。同时开启进料流量计,加入原料。进料量和出料量可按物料衡算计算,保持乙醇的平衡。稳定情况下,回流比控制在(2~4)∶1。

(5)开启溶剂流量计,加入溶剂乙二醇,进行萃取精馏操作。调节溶剂与原料体积比(溶剂比)为(2~4)∶1,稳定约 20 min,取样分析。塔顶产物中水含量应小于2% ~3% 。

(6)实验中应及时记录温度、压力、流量和回流比数据。注意观察塔釜液位,如液位显著上升,应及时抽出釜液,保持釜液液位稳定。

（7）如时间许可，调节回流比和溶剂比进行不同条件的精馏实验。

（8）实验结束，应停止加热，切断电源。关闭冷却水。

五、实验数据记录

萃取精馏塔操作记录参见表6.9-1。

表 6.9-1　萃取精馏塔操作记录

实验日期：　　　　　室温：

塔釜加料量=　　　克，原料中醇含量（%质量）=　　　，乙二醇中水含量（%质量）=

时间	釜加热温度/℃和电流/mA	塔身保温温度/℃及电流/mA		操作温度/℃		进料量/(mL/min)		回流比	溶剂比	塔顶产物组成（醇%wt）	备注
		上	下	釜	顶	原料	溶剂				

六、实验数据处理

1. 比较普通精馏和萃取精馏塔顶产物组成。

2. 估算萃取精馏乙醇回收率。

4 乙醇回收率（%质量）。

七、实验结果和讨论

1. 实验结果

（1）给出萃取精馏实验条件。

（2）比较普通精馏和萃取精馏塔顶产物组成，并说明为什么萃取精馏塔顶产物醇含量高。

2. 讨论

（1）实验中为提高乙醇产品的纯度，降低水含量，应注意哪些问题？

（2）分析影响乙醇的回收率的因素。

（3）对实验装置和操作有何改进意见和建议？

3. 思考题：萃取精馏中溶剂的作用？如何选择溶剂？

八、实验中涉及的危险化学品

1. 本实验涉及的危险化学品主要有乙醇、乙二醇。

2. 本实验涉及的危险化学品的性质及危害

(1)乙醇

1)性质:常温常压下是一种易燃、易挥发的无色透明液体,低毒性;具有特殊香味,并略带刺激;微甘,并伴有刺激的辛辣滋味。易燃,其蒸气能与空气形成爆炸性混合物,能与水以任意比互溶。能与氯仿、乙醚、甲醇、丙酮和其他多数有机溶剂混溶,相对密度(d15.56)0.816。乙醇液体密度是 0.789 g/cm³,乙醇气体密度为1.59 kg/m³,分子量(相对分子质量)为46.07 g/mol。沸点是 78.4 ℃,熔点是−114.3 ℃。

主要危害:本品为中枢神经系统抑制剂。

乙醇易燃,具刺激性。其蒸气与空气可形成爆炸性混合物,遇明火、高热能引起燃烧爆炸。与氧化剂接触发生化学反应或引起燃烧。在火场中,受热的容器有爆炸危险。其蒸气比空气重,能在较低处扩散到相当远的地方,遇火源会着火回燃。

急性中毒:急性中毒多发生于口服。一般可分为兴奋、催眠、麻醉、窒息四阶段。患者进入第三或第四阶段,出现意识丧失、瞳孔扩大、呼吸不规律、休克、心力循环衰竭及呼吸停止。

慢性影响:在生产中长期接触高浓度乙醇,可引起鼻、眼、黏膜刺激症状,以及头痛、头晕、疲乏、易激动、震颤、恶心等。

皮肤长期接触可引起干燥、脱屑、皲裂和皮炎。

乙醇具有成瘾性及致癌性。但乙醇并不是直接导致癌症的物质,而是致癌物质普遍溶于乙醇。

(2)乙二醇

性质:无色无臭、有甜味液体,能与水、丙酮互溶,但在醚类中溶解度较小。蒸汽压 0.06 mmHg(0.06 毫米汞柱)/20 ℃;黏度 25.66 mPa.s(16 ℃);溶解性:与水、乙醇、丙酮、醋酸甘油吡啶等混溶,微溶于乙醚,不溶于石油烃及油类,能够溶解氯化钙、氯化锌、氯化钠、碳酸钾、氯化钾、碘化钾、氢氧化钾等无机物。表面张力46.49 mN/m (20 ℃);燃点 418 ℃;燃烧热 1180.26 kJ/mol;在 25 ℃下,介电常数为37;浓度较高时易吸潮。

毒性:大鼠经口 LD50 为 5.8 mL/kg,小鼠经口 LD50 为 1.31～13.8 mL/kg。

侵入途径:吸入、食入、经皮吸收。

健康危害:国内尚未见本品急慢性中毒报道。国外的急性中毒多系因误服。吸入中毒表现为反复发作性昏厥,并可有眼球震颤,淋巴细胞增多。

3. 急救措施

(1)乙醇

皮肤接触：脱去污染的衣着，用肥皂水和清水彻底冲洗皮肤。

眼睛接触：提起眼睑，用流动清水或生理盐水冲洗。就医。

吸入：迅速脱离现场至空气新鲜处。保持呼吸道通畅。如呼吸困难，给输氧。如呼吸停止，立即进行人工呼吸。就医。

工程控制：密闭操作，加强通风。

呼吸系统防护：空气中浓度较高时，应该佩戴自吸过滤式防尘口罩。必要时，建议佩戴自给式呼吸器。

眼睛防护：戴化学安全防护眼镜。

身体防护：穿胶布防毒衣。

手防护：戴橡胶手套。

其他防护：工作完毕，淋浴更衣。保持良好的卫生习惯。

泄漏：迅速撤离泄漏污染区人员至安全区，并进行隔离，严格限制出入。切断火源。建议应急处理人员戴自给正压式呼吸器，穿消防防护服。尽可能切断泄漏源，防止进入下水道、排洪沟等限制性空间。

小量泄漏：用砂土或其他不燃材料吸附或吸收，也可用大量水冲洗，洗水稀释后放入废水系统。

灭火方法：抗溶性泡沫、干粉、二氧化碳、砂土。

灭火注意事项：尽可能将容器从火场移至空旷处。喷水保持容器冷却，直至灭火结束。

（2）乙二醇

皮肤接触：脱去污染的衣着，用大量流动清水冲洗。

眼睛接触：提起眼睑，用流动清水或生理盐水冲洗。就医。

吸入：迅速脱离现场至空气新鲜处。保持呼吸道通畅。如呼吸困难，给输氧。如呼吸停止，立即进行人工呼吸。就医。

实验 6.10 气体分离膜性能测试开放实验

随着工业发展和人口增加，人类社会排放到大气中的 CO_2 不断增加，预计到 2030 年，全球由于燃烧化石燃料而产生的 CO_2 排放量将达到 375 亿吨/年（IEA，Prospects for CCS，2004），大气中 CO_2 浓度的不断增加，一是会加剧"温室效应"，全球气候变暖；二是生态平衡遭到严重破坏，引起一系列生态环境问题。由此而产生的环境影响不容忽视。因此，降低 CO_2 排放量使之变废为宝，实现其分离回收与综合利用，已成为 21 世纪重要的能源与环境课题。为此,研究安全可行的 CO_2 捕集与封存技术,对减少 CO_2 排放具有重要意义。相对于传统的吸附冷冻、冷凝分离,膜分离法具有结构紧凑、操作简单和高效节能等优点,在投资、能耗以及环境友好方面优于吸收、吸附、低温蒸馏等传统方法,因此许多国家都在积极开发用于 CO_2 去除与捕集的膜技术(包括膜材料、膜组件及优化制膜技术等)。

一、实验目的

1. 了解气体分离膜的现状以及今后的应用前景。

2. 了解 Pebax 的结构及相关特性,并熟悉 Pebax 膜的制作方法和影响膜性能的相关参数。

3. 完成气体分离膜性能的测试,并对实验数据进行处理,分析总结。

二、实验原理

Pebax 1657(图 6.10-1)作为一种高渗透性共聚物膜材料广泛用于 CO_2 的分离。刚性段(PA6)使其具有较好的机械性能,柔性段(PEO)与 CO_2 反应促进 CO_2 的渗透。此外,其中的 EO 基团使气体具有较高的扩散系数。这种材料在干气条件拥有较高的自由体积,CO_2 的分离主要依赖于溶解-扩散(solution-diffusion)机制。

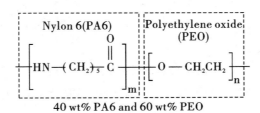

图 6.10-1 Pebax 的化学结构式

三、实验步骤

1. Pebax 溶液及 Pebax 膜的制备

将 Pebax 1657(3 wt%)溶于乙醇/水(70wt% : 30 wt%)的溶剂中。在 80 ℃ 条件下回流搅拌 2 h 后,常温保存在烧杯中以待用。

取一定量的 Pebax 1657 溶液倒入聚四氟培养皿中,在室温下干燥 24 h,随后在 50 ℃ 下真空干燥 24 h,以制得 Pebax 膜。

2. 气体分离性能测试

(1)将 Pebax 膜放置在膜池中,连接到测试系统上(图 6.10-2)。

（2）进料气（N_2，CO_2）在进入膜池之前经过缓冲罐缓冲，将三通阀箭头方向旋转至"纯气"标识方向；由于膜不需要加湿，将三通阀箭头方向旋转至"干气"标识方向。两通阀为排气阀，每次实验前应打开该阀门，利用测试气冲洗管路中残留气体一段时间，并通过两通阀排放至室外。待管路残留气体排干净后，缓慢关闭两通阀门。

（3）进料气压力由气体钢瓶减压阀及泄压阀共同调节得到。通过压力变送器示数，缓冲罐压力表来观察进气系统压力变化，已达到实验所需测试气压力（0.1～0.5 MPa）。

（4）通过调节不同的进料压力来读取流量计的示数。稳流阀流量依据皂沫流量计或者电子流量计进行标定。

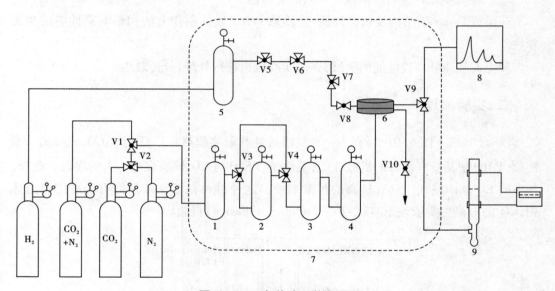

图 6.10-2 气体渗透装置原理

1-缓冲罐;2-加湿罐;3-湿度变送器;4-压力变送器;5-加湿器;6-膜池;7-恒温箱;8- 气相色谱;9-皂沫流量计

3.数据处理与结果分析

气体渗透系数 P 及分离因子 α 由公式（6.10-1）计算：

$$P = \frac{Q}{A \cdot \Delta p} \cdot L \tag{6.10-1}$$

$$\alpha = P_{CO_2}/P_{N_2}$$

式中：P——气体透过膜的渗透系数（GPU）；

L——膜的分离层厚度（μm）；

A——膜的有效面积（cm^2）；

Δp——气体透过膜两侧的压力差。

第7章 综合创新实验

实验教学环节是培养学生动手实践能力和综合创新素质不可或缺的重要环节,为提高化工专业学生的工程意识及创新能力,更好地掌握先进的前沿研究技术,结合专业特点和科研方向,设置了综合创新性实验,由学生自主选题,查阅资料,进行问题分析、设计/开发解决方案、搭建实验装置,独立进行实验研究和技术经济评价,培养学生科研基本技能、综合素质、工程意识及创新能力,提高宽口径大化工类人才的工程实践创新素质。在这部分内容中,尝试以问题为引导、实践为目的的思路,将教师的部分研究方向作为实验项目,将实验题目、目标、要求及现有的实验设备情况整理成任务书发给学生,让学生以小组为单位对实验的内容进行组织和计划,提交实验研究方案作为预习(开题)报告,教师审核通过后,进入实验环节开展创新实验研究。

本章共设置了5个综合性创新实验:

实验7.1 2-甲基萘气固相氧化催化剂的制备及其性能评价:要求掌握等体积浸渍法制备 V_2O_5 催化剂的工艺;掌握2-甲基萘气相氧化的实验流程和催化剂活性评价方法;掌握气相色谱的原理和标准曲线绘制方法;培养自行设计实验分析实验结果的能力。

实验7.2 功能洗发水的制备及配方优化实验研究:掌握精细化学品如洗发水的制备工艺;了解洗发水各组分的性质、作用;了解实验室安全管理制度、安全操作规范及6S管理制度规范等;综合运用所学知识分析解决实际问题;培养团队协作、项目管理能力;培养团队协作、项目管理能力。

实验7.3 草坪(或花卉)专用功能肥料的制备工艺及性能研究:了解花卉、植物(草坪或某一作物)专用复混肥料(含固体肥料和液体肥料)的需肥规律,设计专用功能性复混肥料并进行配方设计,研究制备工艺,进行性能检测,配方优化等,制备专用功能性复混肥料。

实验7.4 多级错流萃取分离正丁醇-水混合液工艺:掌握正丁醇饱和水溶液的配置方法;掌握萃取实验溶剂选择标准;掌握正辛醇多级错流萃取正丁醇水溶液中正丁醇的实验方法;掌握气相色谱的原理及标准曲线的绘制方法;培养学生实验设计能力、实验动手能力及结果分析能力。

实验7.5 十二碳二元酸粗品重结晶纯化工艺:掌握溶剂结晶的原理及实验方法;学

会粗 DDA 结晶提纯溶剂的选择方法;掌握乙醇中重结晶时的热力学数据的测定方法,包括不同乙醇浓度、不同温度下 DDA 在乙醇中的溶解度,学会溶解度相图分析方法;分析掌握影响结晶工艺的因素,如溶剂种类、萃取剂浓度、萃取剂量、搅拌速率、固液比、温度等;掌握气相色谱的使用方法、面积归一化测定 DDA 纯度方法及标准曲线的绘制;培养学生实验设计能力、实验动手能力及结果分析能力。

实验成绩从以下几个方面进行考核:

(1)实验态度量化考核。学生的实验态度会影响到将来的工作态度,综合性、设计性实验的预习报告可体现出学生是否本着认真、负责的态度进行课前预习,不是指将实验指导书上的内容进行搬抄,而是指有无进行书外的相关内容的资料查阅和组织,有无新的实验思路和研究内容的提出,这些都要进行量化考核。

(2)实验操作的细化考核。要求教师在实验过程中考核学生的实验研究方案是否合理,能否搭建实验装置,仪器、仪表操作是否规范、读取测量参数是否正确、实验中出现的问题是否能独自解决等方面进行量化考核,培养学生进行科学研究的初步能力。

(3)实验报告的内容量化考核。对实验报告撰写的规范性,科学严谨性及实验结果的分析讨论等进行考核。实验报告很容易出现相互抄袭的问题,对此,可通过增加或者提高实验心得、实验内容与学生自己初设计内容不同的原因等项目的分值以鼓励学生独立地进行思考,并且增加同组学生实验报告相近,重新撰写实验报告或扣分的要求,以改进实验报告相互抄袭的陋习。

实验 7.1　2−甲基萘气固相氧化催化剂的制备及其性能评价

气固相催化氧化是一种环境友好的绿色技术,以空气为氧化剂,金属或金属氧化物等为催化剂,催化氧化有机物得到目标产品。2−甲基萘是一种常见的化工原料,价廉易得,资源丰富。以 V_2O_5 为催化剂、高温(300~500 ℃)条件下,气固相氧化 2−甲基萘能够制得高附加值的 2−甲基−1,4−萘醌和 2−萘甲醛等产物,是一条行之有效的利用 2−甲基萘的工艺路线。2−甲基−1,4−萘醌是重要的化工中间体,用于合成抗出血性药物、维持动物体内维生素的平衡等。该工艺路线的关键是高效 V_2O_5 催化剂的制备。

为了使学生了解和掌握气相催化氧化过程,本实验以 2−甲基萘在 V_2O_5 催化剂上的气相氧化为例,通过学生自主制备 V_2O_5 催化剂,自行装填催化剂,完成催化剂的性能评价,培养学生文献调研能力、实验设计能力和实验组织能力。

一、实验目的

(1)掌握等体积浸渍法制备 V_2O_5 催化剂的工艺。

(2)掌握 2-甲基萘气相氧化的实验流程和催化剂活性评价方法。

(3)掌握气相色谱的原理和标准曲线绘制方法。

(4)培养自行设计实验分析实验结果的能力。

二、实验原理

气固相催化氧化是将有机物的蒸气与空气的混合气体在较高温度下通过固体催化剂,使有机物适度氧化生成目的产物的过程。常用于制备醛、羧酸、酸酐、酯、腈和环氧化合物,具有反应速度快、设备生产能力大、后处理简单、无须溶剂、对设备腐蚀小等优点,但要求原料和产物有足够的热稳定性、催化剂有较高的催化效率。气固相催化氧化反应属表面反应过程,活性组分分布在多孔性物质颗粒(载体)的表面上,其反应历程有以下几个步骤(见图 7.1-1):

(1)反应物从气流主体扩散到催化剂颗粒的外表面;

(2)反应物从颗粒的外表面经催化剂颗粒的内孔扩散到颗粒的内表面;

(3)反应物在颗粒内表面上进行化学反应;

(4)反应产物从内孔深处向孔口逆向扩散;

(5)反应产物从催化剂外表面扩散返回气流主体。

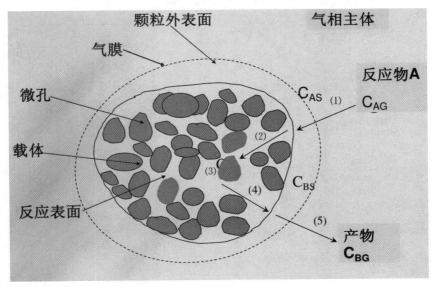

图 7.1-1　气固相催化反应过程

固体催化剂主要由活性组分、载体和助催化剂组成。在寻找和设计某种反应所需的催化剂时,活性组分的选择是首要步骤。活性组分是催化剂的主要成分,由一种或多种物质组成,可分为金属、过渡金属氧化物和硫化物、非过渡元素氧化物等三类。载体是催化剂活性组分的分散剂、黏合物或支撑体,是负载活性组分的骨架。载体的种类很多,可分为低比表面积和高比表面积两大类。载体关系到催化剂的活性、选择性,热稳定性和机械强度,以及催化过程的传递特性。助催化剂是加入催化剂中的少量物质,是催化剂的辅助成分,其本身没有活性或活性很小,但其加入后能够提高催化剂的活性、选择性、稳定性和寿命。助催化剂按作用机理可分为结构型和电子型两类。本实验中所用催化剂的活性组分为 V_2O_5,载体为多孔硅胶或二氧化钛,助催化剂为硫酸钾和焦硫酸钾等。

固体催化剂的制备方法主要有沉淀法、浸渍法、共混法、熔融法等。浸渍法主要用于制备负载型催化剂,具有负载量可调节、活性组分分布均匀等优点。本实验中 V_2O_5 催化剂成品的制备主要有浸渍法制备样品、样品的干燥和焙烧、样品的压片过筛等过程。

固体催化剂的评价指标主要有活性、选择性、稳定性和寿命等。活性是指催化剂影响反应进程的变化的程度,常采用给定温度下原料的转化率表示。转化率是指已转化的原料量与总的原料加入量的比值。选择性是指生成目标产物所消耗的原料量占反应所转化的原料总量的分率。催化剂的稳定性是指催化剂的活性和选择性随时间变化的情况。催化剂的寿命是指催化剂的活性能够达到装置生产能力和原料消耗定额的允许使用时间。

本实验采用管式固定床反应器进行催化剂的活性评价,反应的原料为 2-甲基萘,目标产物为 2-甲基-1,4-萘醌,操作流程为(图 7.1-2):

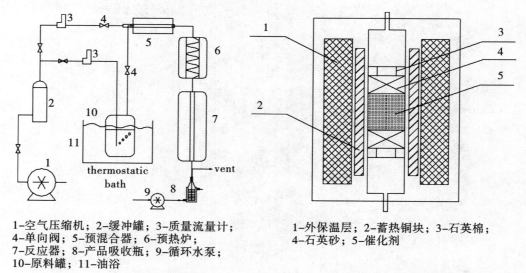

1-空气压缩机；2-缓冲罐；3-质量流量计；
4-单向阀；5-预混合器；6-预热炉；
7-反应器；8-产品吸收瓶；9-循环水泵；
10-原料罐；11-油浴

1-外保温层；2-蓄热铜块；3-石英棉；
4-石英砂；5-催化剂

图 7.1-2　2-甲基萘气相催化氧化催化剂评价实验流程(左)和反应器示意图(右)

（1）将催化剂与相同粒度的石英砂均匀混合后装入反应器中。

（2）实验开始前,检查装置的气密性。

（3）进行催化剂的活化处理:调节空气流量为 100 mL/min,同时以 10 ℃/min 的升温速率对装置进行升温至 450 ℃,并在该温度下维持 2 h,以保证催化剂达到完全氧化状态。

（4）将反应温度、空气流量以及原料量调整到预先设定的操作条件。

（5）反应体系稳定运行 2 h 后取样分析。

（6）实验结束,关闭进料,并将空气流量调至 100 mL/min 对装置进行吹扫,当反应器温度降至室温后,关闭电源。

2-甲基萘气相氧化产物主要有 2-甲基-1,4-萘醌、苯酐、2-萘甲醛、4-甲基苯酐、6-甲基-1,4-萘醌等(图 7.1-3)。反应具有强的热效应,易深度氧化,破坏活性位点。因此,在设计和制备催化剂时,要充分考虑以上因素,提高催化剂的活性和使用寿命。

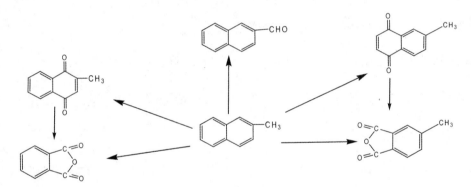

图 7.1-3　2-甲基萘气相氧化反应路径

催化剂的表征方法包括:

（1）粒度分析:激光粒度分析法、电镜法粒度分析法等。

（2）形貌分析:扫描电镜、透射电镜、扫描探针显微镜和原子力显微镜等。

（3）成分分析:包括体材料分析方法和表面与微区成分分析方法,体相材料分析方法有原子吸收光谱法,电感耦合等离子体发射法,X 射线荧光光谱分析法。表面与微区成分分析方法包括电子能谱分析法、电子探针分析方法、电镜-能谱分析方法和二次离子质谱分析方法等。

（4）结构分析:X 射线衍射,电子衍射等。

（5）界面与表面分析:X 射线光电子能谱分析,俄歇电子能谱仪等。

三、实验方案的拟定

1. 查阅资料，了解 V_2O_5 催化剂的制备和 2-甲基萘气固相氧化催化剂，提出 V_2O_5 催化剂的制备方法及其气固相氧化 2-甲基萘的评价指标和实验初步方案。

2. 拟定实验方案

（1）设计催化剂制备和产物分析方案，绘制实验流程图。

（2）绘制实验装置图。

（3）确定分析方法，建立标准曲线。

（4）设计详细的实验操作步骤。

（5）安排实验进度。

（6）列出参考文献（不少于 5 篇）。

3. 实验可选择主要仪器和分析设备

玻璃仪器、天平、旋转蒸发仪、气相色谱。

四、实验方案讨论

在预约的实验前一周进行实验方案讨论，实验方案通过后方可进行下一步的实验。

五、实验过程

（1）各组根据领料单领料。

（2）选择合适的实验仪器，制备 V_2O_5 催化剂。

（3）安装实验设备进行实验，考察 2-甲基萘气固相氧化催化剂的催化性能。

（4）对催化剂进行表征。

六、实验结果及讨论

（1）根据实验结果对制备的 V_2O_5 催化剂催化性能进行评价，若催化性能不理想，对原因进行分析。

（2）联系表征结果讨论影响 V_2O_5 催化剂催化性能的因素。

七、本实验中涉及的危险化学品

1. 本实验涉及的危险化学品主要有 1,4-二氧己环、2-甲基萘、苯酐。

2. 本实验涉及的危险化学品的性质及危害

（1）1,4-二氧己环

性质:无色易挥发液体。熔点(℃):11.8;沸点(℃):101.3;相对密度(水 = 1):1.034;相对蒸气密度(空气 = 1):3.03;饱和蒸气压(kPa):5.33(25.2 ℃);燃烧热(kJ/mol):4806.6;临界温度(℃):312;临界压力(MPa):5.14;闪点(℃):-4;引燃温度(℃):180;爆炸上限%(V/V):22.2;爆炸下限%(V/V):2.0;溶解性:与水混溶,可混溶于多数有机溶剂。

健康危害:本品有麻醉作用和刺激性,在体内有蓄积作用。吸入本品蒸气可引起眼和上呼吸道刺激,伴有头晕、头痛、嗜睡、恶心、呕吐等。可致肝、皮肤损害,甚至发生尿毒症。对皮肤、眼部和呼吸系统有刺激性,并可能对肝、肾和神经系统造成损害,急性中毒时可能导致死亡,已被美国列为致癌物质。

危险特性:易燃,其蒸气与空气可形成爆炸性混合物,遇明火、高热或与氧化剂接触,可引起燃烧爆炸。与氧化剂能发生强烈反应。接触空气或在光照条件下可生成具有潜在爆炸危险性的过氧化物。其蒸气比空气重,能在较低处扩散到相当远的地方,遇明火会引着回燃。

有害燃烧产物:一氧化碳、二氧化碳。

急性毒性:LD_{50}为 5170 mg/kg(大鼠经口),LC_{50}为 46000 mg/m³,2 h(大鼠吸入)。

其他有害作用:该物质对环境有危害,对水体和大气可造成污染。

废弃处置方法:处置前应参阅国家和地方有关法规。建议用焚烧法处置。

(2)2-甲基萘

性质:白色至浅黄色单斜晶体或熔融状固体。熔点(℃):34.6;相对密度(水 = 1):1.03;沸点(℃):241.1;燃烧热(kJ/mol):5864.4;临界压力(MPa):3.5;闪点(℃):97;引燃温度(℃):529;溶解性:不溶于水,溶于乙醇、乙醚等多数有机溶剂。可燃。

侵入途径:吸入、食入、经皮吸收。

健康危害:皮肤接触可引起发红、干燥皲裂、溃疡等。

环境危害:对环境有危害,对水体、土壤和大气可造成污染。

燃爆危险:该品易燃。其蒸气与空气可形成爆炸性混合物。遇热源和明火有燃烧爆炸的危险。与氧化剂能发生强烈反应,引起燃烧或爆炸。

燃烧(分解)产物:一氧化碳、二氧化碳。

毒性:属低毒类。急性毒性:LD_{50} 1630 mg/kg(大鼠经口);刺激性:兔暴经皮 0.05 mL(24 h),重度刺激。

(3)苯酐

性质:白色固体。熔点(℃):130.8;沸点(℃):284;相对密度(水 = 1):1.53;相对蒸气密度(空气 = 1)5.1;饱和蒸气压:<0.01 mm Hg(20 ℃);闪点(℃):152;引燃温度(℃):570;爆炸上限%(V/V):10.4;爆炸下限%(V/V):1.7;溶解性:难溶于冷水,易溶于热水,乙醇,乙醚,苯等多数有机溶剂。

侵入途径:吸入、食入。

健康危害:本品对眼、鼻、喉和皮肤有刺激作用,这种刺激作用,可因其在湿润的组织表面水解为邻苯二甲酸而加重。可造成皮肤灼伤。吸入本品粉尘或蒸气,引起咳嗽、喷嚏和鼻衄。对有哮喘史者,可诱发哮喘。

慢性影响:长期反复接触可引起皮疹和慢性眼刺激。反复接触对皮肤有致敏作用。可引起慢性支气管炎和哮喘。

毒性:属低毒类。

急性毒性:LD_{50} 4020 mg/kg(大鼠经口)。

危险特性:遇高热、明火或与氧化剂接触,有引起燃烧的危险。

燃烧(分解)产物:一氧化碳、二氧化碳、水。

3. 急救措施

(1)1,4-二氧己环。

皮肤接触:脱去污染的衣着,用肥皂水和清水彻底冲洗皮肤。

眼睛接触:提起眼睑,用流动清水或生理盐水冲洗。就医。

吸入:迅速脱离现场至空气新鲜处。保持呼吸道通畅。如呼吸困难,给输氧。如呼吸停止,立即进行人工呼吸。就医。

灭火方法:尽可能将容器从火场移至空旷处。处在火场中的容器若已变色或从安全泄压装置中产生声音,必须马上撤离。

灭火剂:抗溶性泡沫、1211灭火剂、干粉、砂土。用水灭火无效。

泄漏应急处理:迅速撤离泄漏污染区人员至安全区,并进行隔离,严格限制出入。切断火源。建议应急处理人员戴自给正压式呼吸器,穿防静电工作服。从上风处进入现场。尽可能切断泄漏源。防止流入下水道、排洪沟等限制性空间。

小量泄漏:用活性炭或其他惰性材料吸收。也可以用大量水冲洗,洗液稀释后放入废水系统。

操作注意事项:密闭操作,全面通风。操作人员必须经过专门培训,严格遵守操作规程。建议操作人员佩戴自吸过滤式防毒面具(半面罩),戴安全防护眼镜,穿防静电工作服,戴橡胶耐油手套。远离火种、热源,工作场所严禁吸烟。使用防爆型的通风系统和设备。防止蒸气泄漏到工作场所空气中。避免与氧化剂、还原剂、卤素接触。灌装时应控制流速,且有接地装置,防止静电积聚。搬运时要轻装轻卸,防止包装及容器损坏。配备相应品种和数量的消防器材及泄漏应急处理设备。倒空的容器可能残留有害物。

储存注意事项:通常商品加有稳定剂。储存于阴凉、通风的库房。远离火种、热源。库温不宜超过30 ℃。包装要求密封,不可与空气接触。应与氧化剂、还原剂、卤素单质分开存放,切忌混储。不宜久存,以免变质。采用防爆型照明、通风设施。禁止使用易产生火花的机械设备和工具。储区应备有泄漏应急处理设备和合适的收容材料。

（2）2-甲基萘

皮肤接触：立即脱去污染的衣着，用肥皂水和清水彻底冲洗皮肤。就医。

眼睛接触：提起眼睑，用流动清水或生理盐水冲洗。就医。

吸入：迅速脱离现场至空气新鲜处，保持呼吸道通畅。如呼吸困难，给输氧。如呼吸停止，立即进行人工呼吸。就医。

危险特性：遇明火、高热易燃。燃烧时放出有毒的刺激性烟雾。与强氧化剂如铬酸酐、氯酸盐和高锰酸钾等接触，能发生强烈反应，引起燃烧或爆炸。粉体与空气可形成爆炸性混合物，当达到一定浓度时，遇火星会发生爆炸。

有害燃烧产物：一氧化碳、二氧化碳。

灭火方法：采用雾状水、二氧化碳、砂土灭火。切勿将水流直接射至熔融物，以免引起严重的流淌火灾或引起剧烈的沸溅。

泄漏应急处理：隔离泄漏污染区，限制出入。切断火源。建议应急处理人员戴防尘面具（全面罩），穿一般作业工作服。

小量泄漏：避免扬尘，使用无火花工具收集于干燥、洁净、有盖的容器中。或在保证安全情况下，就地焚烧。

储存注意事项：储存于阴凉、通风的库房。远离火种、热源。库温不超过 32 ℃，相对湿度不超过 80%。包装密封。应与氧化剂分开存放，切忌混储。配备相应品种和数量的消防器材。储区应备有合适的材料收容泄漏物。

工程控制：密闭操作，局部排风。

呼吸系统防护：一般不需要特殊防护，高浓度接触时可佩戴自吸过滤式防毒面具（半面罩）。

眼睛防护：必要时，戴安全防护眼镜。

身体防护：穿一般作业防护服。

手防护：戴一般作业防护手套。

其他防护：工作现场禁止吸烟、进食和饮水。工作完毕，淋浴更衣。注意个人清洁卫生。

禁配物：强氧化剂。

（3）苯酐

泄漏应急处理：隔离泄漏污染区，限制出入。建议应急处理人员戴自给式呼吸器，穿防酸碱工作服，不要直接接触泄漏物。

小量泄露：避免扬尘，用洁净的铲子收集于干燥、洁净、有盖的容器内。

燃烧性：可燃。

灭火剂：抗溶性泡沫、干粉、二氧化碳。

灭火注意事项：切勿将水直接射至熔融物，以免引起严重的流淌火灾或引起剧烈的沸溅。

吸入急救处理：迅速脱离现场至新鲜空气处。保持呼吸道通畅。如呼吸困难,给输氧。如呼吸停止,立即进行人工呼吸。就医。

皮肤接触急救处理：立即脱去被污染衣着,用大量流动清水冲洗,至少 15 min。就医。

眼睛接触急救处理：立即提起眼睑,用大量流动清水或生理盐水彻底冲洗至少15 min。就医。

实验7.2 功能洗发水的制备及配方优化实验研究

洗发水,也叫洗发香波(shampoo),是日常生活中不可或缺的基本生活用品,是为了将附着在头发及头皮上的污垢除去保持头发清洁的产品。早在先秦时期,人们便会用淘米水来洗头,还有皂角、木槿叶、胰子等。唐朝孙思邈《千金翼方》中已有关于"澡豆"的记载,即是以豆科植物种子研磨粉末,搭配各色香料制成的原始版肥皂用来洗头。随着社会的发展,人们对洗发用品的要求也越来越高,随之市场上出现了各种功能性的(如适用于不同发质、具有去屑、滋养、护理等功能)洗发产品。

中国日化洗发护发市场也正日益走向成熟,洗发水产品的主要潮流是向中高档次、功能性、成分天然化方向发展。未来的洗发水应该是使头发易于梳理,阻止头屑生成,彻底清洁头屑,营养发根,去除发质异味,使头发更健康亮泽,洗后留有愉悦的香气,感觉清新舒适。

因此,洗发水的产品功效将越来越重要,特殊功能与辅助功能将不断细化。滋润营养,天然功效,天然美发,清新、清爽等将是未来的发展趋势。除了传统的去屑,防脱发等概念外,防晒、维生素、果酸,自然萃取动/植物精华、中草药调理、焗油、免洗润发等概念也纷纷渗透至洗发、护发领域,成为洗发水的新亮点。

本实验研究以洗发水的制备为例,通过市场调研及资料查阅等,进行精细化学品的实验室制备研究,通过实验设计、工艺条件的优选、产品性能的检测、试用,不断改进优化配方及工艺,熟悉精细化学品的生产工艺及特点,进行经济技术评价和安全管理规范的训练,培养学生综合运用所学知识解决实际问题的能力,树立工程观念。

一、实验目的

1. 掌握精细化学品如洗发水的制备工艺；

2. 解洗发水各组分的性质、作用；

3.了解实验室安全管理制度、安全操作规范及 6S 管理制度规范等；

4.综合运用所学知识分析解决实际问题。

5.培养团队协作,项目管理能力。

二、实验原理

洗发水的基本组分包括去污发泡剂、稳泡剂、增稠剂、螯合剂、防腐剂、抗氧化剂、香精、色素等。用于洗发水的表面活性剂主要有:脂肪醇聚氧乙烯醚硫酸钠 AES、椰子油二乙醇酰胺(6501)、甜菜碱(CAB-35)、季胺盐柔软剂,以及一些功能性助剂:硅酮滑爽光亮剂、去屑止痒剂、珠光剂、防腐剂、香精、色素等。其中主表面活性剂主要是一些带脂肪链的盐,赋予清洁功能,如十二烷基硫酸钠等;辅表面活性剂,主要是辅助主表面活性剂起清洁头发,同时降低刺激性,改善香波外观等作用,由一些两性或非离子表面活性剂组成;调理剂主要由一些大分子量和小分子量混用的一些阳离子构成,带给头发柔软和易于梳理的效果,因为头发基本是带负电荷的,这些带正电荷的阳离子很容易吸附上去;顺滑剂令头发顺滑、健康、自然,一般用一些高分子量高黏度的硅油,吸附在头发表面,形成较顺滑的薄膜。

精细化学品的制备一般采用间歇操作,在间歇反应釜中,控制一定的配料比例、加料顺序、反应温度、反应时间等工艺条件,严格按照操作规范进行。

三、主要研究内容及要求

1.查阅资料和市场调研,了解洗发香波的化学成分、各成分的性质和功效。

2.拟定某一功效的洗发水的配方,制定实验方案,包括选择制备工艺路线,选择仪器设备,绘制工艺流程图,绘制实验装置图等。

3.制定制备洗发水活动 6S 管理细则及识别安全隐患,做好安全防护。

4.按照讨论好的实验方案制备洗发香波,能够遵守实验室操作规程和 6S 管理,认真记录操作现象和过程。

5.产品性能指标检测。

6.进行技术经济核算等综合评价。

四、主要研究过程管理

1.资料查阅与市场调研,写出开题报告

在预约实验前一周,2～4 个同学组成团队,对多个品牌的洗发水进行调研,查阅相关资料,拟定实验方案,写出开题报告,与指导教师讨论后,方可进入下一步实验研究。

2.拟定实验配方

通过实验设计（如正交实验设计方法等），进行实验，研究影响洗发香波功效的主要因素及水平，初步拟定实验配方，见表7.2-1。

表 7.2-1　洗发香波拟定配方

序号	1	2	3	4	5	6
成分名称						
作用						
用量						
序号	7	8	9	10	11	12
成分名称						
作用						
用量						

（注：物料用量以制备洗发水 200 g 计算）

3. 拟定工艺流程

选定工艺路线，选择制备所需仪器、设备（填入表 7.2-2），进行实验，做工艺流程图和实验装置图。

表 7.2-2　制备所需仪器、设备

班级				组别		
序号	1	2	3	4	5	6
名称						
规格或型号						
作用						
序号	7	8	9	10	11	12
名称						
规格或型号						
作用						

4. 制定安全操作规程

查阅资料如安全管理制度、安全操作规程、6S 管理规范制度及相关资料，制定制备洗发香波活动 6S 管理细则及识别安全隐患（见表 7.2-3），做好安全防护。

表 7.2-3　制备洗发香波活动 6S 管理细则

班级		组员		
项目	要求		目的	细则
整理 SEIRI	要与不要,一留一弃;将工作场所的任何物品区分为有必要和没有必要的,除了有必要的留下来,其他的都消除掉		腾出空间,空间活用,防止误用,塑造清爽的工作场所	
整顿 SEITON	科学布局,取用快捷;把留下来的必要用的物品依规定位置摆放,并放置整齐加以标识		工作场所一目了然,消除寻找物品的时间,消除过多的积压物品	
清洁 SEISO	清除垃圾,美化环境;将工作场所内看得见与看不见的地方清扫干净,保持工作场所干净、整洁		稳定品质,减少伤害	
规范 SEIKETSU	形成制度,贯彻到底;经常保持环境外在美观的状态		创造明朗现场,维持上面 3S 成果	
安全 SECURITY	安全操作,生命第一;重视成员安全教育,每时每刻都有安全第一观念,防患于未然		建立起安全生产的环境,所有的工作应建立在安全的前提下	
素养 SHITSUKE	养成习惯,以人为本		每位成员养成良好的习惯,并遵守规则做事,培养积极主动的精神	

6S 指的是在生产现场中将人员、机器、材料、方法等生产要素进行有效管理,它针对企业中每位员工的日常行为方面提出要求,倡导从小事做起,力求使每位员工都养成事事"讲究"的习惯,从而达到提高整体工作质量的目的。同时,制备活动过程中安全是第一位的,辨识过程中存在的危险因素,做好安全防护,保证制备活动的顺利进行。

5. 实验室制备研究

求能够按照讨论好的配方制备出洗发香波,能够遵守实验室操作规程和 6S 管理,认真记录操作现象和过程。

（1）根据小组成员特点进行分工,并填入表 7.2-4。

表7.2-4 任务分工

班级			组别			人数	
分工	人数		成员名单			工作内容	备注
组长	1					全面协调、组织、管理	可兼任
称量员	1					称量物料	可兼任
操作员	若干					操作制备装置	可兼任
记录员	1					记录过程数据、现象	可兼任
6S 管理员	1					6S 管理	可兼任

（2）根据实验计划填写领料单（表7.2-5），领取仪器和试剂。

表7.2-5 领料单

序号	1	2	3	4	5	6	7
仪器名称							
数量							
回收情况							
序号	1	2	3	4	5	6	7
试剂名称							
数量							
回收情况							

（3）做好制备过程的实验记录

6. 产品性能检测

产品性能主要检测指标及结果可参考表7.2-6

表7.2-6 产品性能主要检测指标及结果

主要指标	结果	使用检测方法或标准
外观		
色泽		
香气		
pH 值		
是否有沉淀物		
黏稠度		
去污能力		
泡沫是否丰富		
香味		
顺滑功效		
去屑止痒能力		
其他：		

五、研究结果及讨论

1. 根据实验结果对制备的洗发香波性能进行评价,若效果不理想,分析原因及改进措施。按照改进后的配方和工艺条件进行实验,并进行分析检测。

2. 讨论影响洗发香波性能的影响因素,. 若制备过程中出现如下问题,如出现不溶性颗粒和结团、黏度过高或过低、出现分层现象、pH 值偏大或偏小等问题,想一想是什么原因造成的? 如何解决?

3. 归纳总结实验室安全管理的 6S 细则,归纳总结本实验中涉及的危险化学品及安全防护措施。

4. 进行技术经济核算。

5. 总结精细化学品的制备要点,及实验体会。

六、成绩评价(100 分)

1. 开题报告(文献查阅实验方案拟定)(20 分)

2. 安全环保(6S 细则、安全防护、危化品防护处置等)(10 分)

3. 实验操作(20 分)

4. 成本核算等技术经济评价(10 分)

5. 交流讨论(10 分)

6. 实验报告 (30 分)

实验 7.3 草坪(或花卉)专用功能肥料的制备工艺及性能研究

植物正常生长至少需要 17 种营养元素。肥料含有植物必需且可吸收利用的营养元素,有些还具有提高作物抗逆性、抗倒伏、防病害等功能,对粮食生产和植物生长发挥重要作用。复混肥料(compound fertilizer)是指 氮、磷、钾三种养分中,至少有两种养分标明量的由化学方法和(或)掺混方法制成的肥料,是化学肥料的主要品种。

本实验研究通过功能性肥料的制备及性能研究,培养学生初步进行科学研究的能力。仅拟定较为宽泛的研究课题,由学生自主选择,查阅文献,调研,制订实验方案,进行实验研究,并进行性能测定、肥效试验、工艺优化、技术经济评价等综合型创新型实验。可依托国家钙镁磷复合肥技术研究推广中心专业实验室和指导教师团队进行。

一、实验目的

了解花卉、植物(草坪或某一作物)专用复混肥料(含固体肥料和液体肥料)的需肥规律,设计专用功能性复混肥料并进行配方设计,研究制备工艺,进行性能检测,配方优化等,制备专用功能性复混肥料。

二、实验原理

1. 复混肥料的研发思路如图 7.3-1。

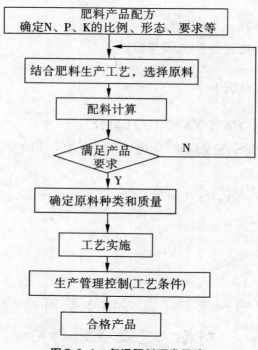

图 7.3-1 复混肥料研发思路

2. 复合(混)肥料的主要生产工艺

复合(混)肥料的主要生产工艺有 3 种:

(1)颗粒掺和法:Bulk Blending Fertilizer(BB 肥),主要需考虑原料的相容性、粒度、密度和形状、养分的释放性等。

(2)转动造粒:将粉状物料在圆盘或回转式造粒机内,用水、蒸汽、黏结剂等成粒,如盘式造粒、喷浆造粒、氨酸造粒、转鼓造粒等。

(3)高塔造粒。

见图 7.3-1 ~ 图 7.3-3 所示。

图 7.3-1 圆盘造粒、高塔造粒、转鼓造粒等造粒工艺

· 复合(混)肥料的典型工艺

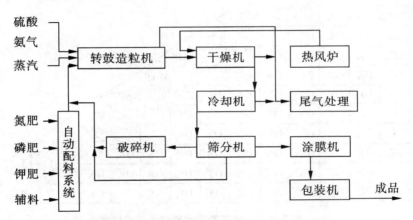

图 7.3-2 氨酸/蒸气造粒复混肥料工艺流程示意图

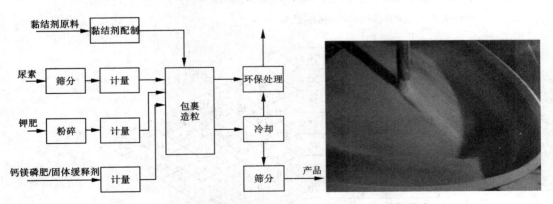

图 7.3-3 无机包裹型缓释复合肥料生产工艺 造粒圆盘

3. 复合(混)肥料的主要原料

(1) 氮(N):尿素、硝铵、硫酸铵、氯化铵、液氨、磷铵、脲醛等。

(2) 磷(P_2O_5):磷铵、磷酸、普钙、钙镁磷肥、硝酸磷肥、聚磷酸铵等。

(3) 钾(K_2O):氯化钾、硫酸钾、硝酸钾等。

(4)其他:中微量元素、填充料、调理剂、防结块剂等。

每种生产工艺,对原料和配料的要求不同,操作的工艺条件也不同。

在原料选择中,要考虑原料之间的配伍,如基础肥料的化学相容性(参见图 7.3-4),常用化肥及其混合物的临界相对湿度(参见图 7.3-5)等,尽量利用营养元素之间的协同增效,防止发生拮抗作用(参见图 7.3-6,图 7.3-7)。

X-不相容性
L-部分相容性
OK-相容性

	U 46-0-0	AN 34-0-0	AS 21-0-0	AC 26-0-0	KCl 0-0-60	KS 0-0-50	DAP 18-46-0	MAP 12-50-0	TSP 0-46-0	NP 20-20-0	NPK 17-17-17 (AN基)	NPK 13-13-13 (AS基)
AN 34-0-0	X											
AS 21-0-0	OK	OK										
AC 26-0-0	OK	OK	OK									
KCl 0-0-60	OK	OK	OK	OK								
KS 0-0-50	OK	OK	OK	OK	OK							
DAP 18-46-0	OK	OK	OK	OK	OK	OK						
MAP 12-50-0	OK	OK	OK	OK	OK	OK	OK					
TSP 0-46-0	L	OK	OK	OK	OK	OK	L	OK				
NP 20-20-0	X	OK	OK	OK	OK	OK	OK	OK	X			
NPK 17-17-17 (AN基)	OK	OK	OK	OK	OK	OK	OK	OK	OK	OK		
NPK 13-13-13 (AS基)	OK	OK	OK	OK	OK	OK	OK	OK	OK	OK	OK	
NP 28-28-0 (U基)	OK	X	OK	OK	OK	OK	OK	OK	OK	L	OK	OK

图 7.3-4 若干常用化肥间的化学相容性

注:U-尿素;AN-硝铵;AS-硫铵;AC-氯化铵;KCl-氯化钾;KS-硫酸钾;DAP-磷酸二铵;MAP-磷酸一铵;TSP-重钙;NP-硝酸磷肥

%CRH

			U	AN	AS	AC	PC	PS	DAP	MAP	TSP
U	46-0-0	70									
AN	34-0-0	55	18								
AS	21-0-0	75	55	55							
AC	26-0-0	75	55	50	70						
PC	0-0-60	70	50	55	70	65					
PS	0-0-50	75	50	55	70	70	75				
DAP	18-46-0	70	50	55	70	65	65	65			
MAP	12-50-0	70	55	55	70	65	65	65	70		
TSP	0-46-0	80	60	50	70	65	65	75	75	70	
NP	20-20-0	55	55	60	55	55	65	55	55	55	50

图 7.3-5 常用化肥及其混合物的临界相对湿度(CRH,30 ℃)

注:U-尿素;AN-硝铵;AS-硫铵;AC-氯化铵;KCl-氯化钾;KS-硫酸钾;DAP-磷酸二铵;MAP-磷酸一铵;TSP-重钙;NP-硝酸磷肥

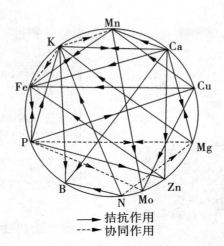

——→ 拮抗作用
----→ 协同作用

图 7.3-6 营养元素间的拮抗作用和协同作用

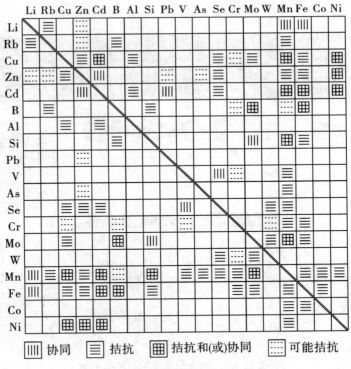

‖‖‖ 协同 ☰ 拮抗 ⊞ 拮抗和(或)协同 ⁚⁚ 可能拮抗

图 7.3-7 微量元素间的相互作用

4. 工艺路线

可利用包裹造粒的方法,产品示意及工厂实例见图 7.3-8 ~ 图 7.3-10。

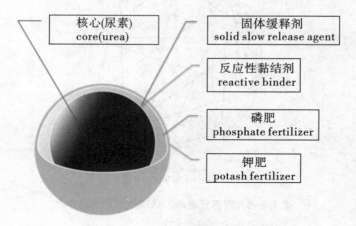

图 7.3-8　包裹型复混肥料产品示意

图 7.3-9　包裹型复混肥料产品示例

图 7.3–10 年产 10 万吨包裹型复混肥料工厂实例

三、研究内容

1. 查阅资料,了解市场上花卉、草坪园艺或某一目标作物用肥品种、功效、价格、配方、使用等。

2. 选择某种花卉或草坪或某一目标作物,了解其生育期、不同生长阶段的营养需肥规律。

3. 研究确定专用肥的配方比例(大量元素氮、磷、钾和钙、镁、硫、铁等中微量元素的比例)和养分形态。

4. 根据养分需求规律和形态要求,依据原料之间的配伍规律,选择合适的原料,计算肥料配比。

5. 准备原料,制定肥料生产工艺路线及制备工艺条件。

6. 选择实验设备,准备原料,论证研究方案,进行初步技术经济分析。

7. 制备肥料样品。

8. 对肥料样品进行性能评价:

(1)测定肥料样品的氮、磷、钾含量(查阅检测方法标准);

(2)检测中微量元素含量(查阅检测方法和标准);

（3）测定氮素的养分释放曲线；

（4）测定肥料样品的颗粒强度、粒径分布、堆密度、临界相对湿度等物性数据。

9. 对肥料样品的肥效进行评价：

（1）做盆栽试验；

（2）在植物或花卉、草坪上进行小范围试验，观察生长情况；

（3）测定叶片的叶绿素含量。

10. 优化产品配方、工艺。

11. 形成目标产品。

12. 进行技术经济分析评价。

四、要求

3～4 人一组，分工协作。在预约的实验前一周进行实验方案讨论，每一阶段学生提交书面材料并与指导教师讨论，通过后方可进行下一步实验。

五、成绩评价（100 分）

根据以下几个方面进行成绩评价：

1. 开题报告（20 分）；

2. 安全环保（10 分）；

3. 实验操作（30 分）；

4. 技术经济评价（10 分）；

5. 交流讨论（10 分）；

6. 实验报告（20 分）。

实验7.4 多级错流萃取分离正丁醇-水混合液工艺

利用正丁醇与水的共沸特性可以去除二氧化硅等纳米粉体制备过程中产生的水分，避免纳米粉体产生严重团聚现象，并提高粉体的性能，因此，正丁醇共沸蒸馏法被诸多文献证实为一种优越的粉体干燥方式。共沸蒸馏后，会产生正丁醇质量分数为 57.5% 的醇水混合物，常温下，该混合物静置分层后可以获得明显的两相。上层正丁醇相可不作处理，直接回收用于二氧化硅共沸蒸馏脱水。下层水相溶解有 7.7% 的正丁醇，对这部分正丁醇进行回收不仅可以减少对环境的污染，同时又可以节约正丁醇的用量。常见的醇-

水体系分离方法有特殊精馏、萃取、膜蒸馏、渗透汽化、复合分离技术等,而这些方法中溶剂萃取法常被用于能形成共沸物、用精馏方法难分离体系,具有处理量大,能耗低等优点。工业上一般用多级错流萃取的方法进行分离正丁醇-水混合液的研究。

为了使学生了解和掌握多级萃取过程,本实验以正辛醇为萃取剂进行多级错流萃取正丁醇/水溶液中的正丁醇,通过学生自主配制正丁醇饱和水溶液,自行多级萃取,自行分析有机相和水相组成完成多级错流萃取实验,培养学生文献调研能力、实验设计能力、实验动手能力及实验结果分析处理能力。

一、实验目的

(1)掌握正丁醇饱和水溶液的配置方法。
(2)掌握萃取实验溶剂选择标准。
(3)掌握正辛醇多级错流萃取正丁醇水溶液中正丁醇的实验方法。
(4)掌握气相色谱的原理及标准曲线的绘制方法。
(5)培养学生实验设计能力、实验动手能力及结果分析能力。

二、实验原理

多级错流萃取是多级萃取过程的一种,是单级萃取的组合,使其流程示意图如图 7.4-1所示。以一定的萃取比将萃取剂 S 和原料液加入一级萃取器中,进行充分混合,使原料液与萃取剂充分接触,静置一定时间分层后,得到萃取相 E_1,萃余相 R_1。萃余相 R_1 继续进入二级萃取器,加入新鲜的萃取剂 S,再进行一次萃取过程,得到萃取相 E_2 和萃余相 R_2,以此类推,第 N 次萃取后,可得到含溶质极少的萃余相 R_n。

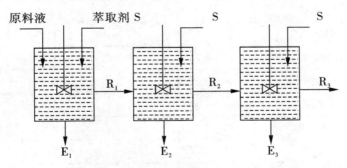

图 7.4-1　多级错流萃取流程图

萃取剂作为桥梁,将混合液中的被萃取物质分离出来,然后将其转入萃取相,实现分离的目的。萃取剂的选择直接关系到萃取操作是否可行,同时也影响萃取产品的产率、萃取操作的效率以及经济收益等方面,所以萃取剂的选择是液液萃取过程的关键。

三、萃取剂的选择标准

1. 分配系数

分配系数又称分配比,用 k 表示,定义为:进行萃取操作时,当萃取体系达到平衡状态时,关键组分 A(即被萃取物质)在萃取相中的质量分数与关键组分 A 在萃余相中的质量分数之比。定义公式表示如下:

$$k_A = \frac{\text{萃取相中组分 A 的质量分数}}{\text{萃余相中组分 A 的质量分数}} = \frac{y_A}{x_A} \tag{7.4-1}$$

k_A 则被称为组分 A 的分配系数,根据液液萃取原理,萃取剂应该有较高的分配系数。分配系数不是一个定值,它与组分的热力学性质有关,同时也受温度、压力等条件的影响(表 7.4-1)。分配系数是衡量萃取剂优劣的重要指标,分配系数越高,表明萃取剂对被萃取物的分离效果越好。

表 7.4-1　常见溶剂对丁醇的分配系数(25 ℃)

溶剂	分配系数
四氯化碳	0.51
氯仿	2.80
环己烷	0.13
苯	0.66
2-乙醚	7.80
正辛醇	7.4
油醇	3.2
油酸乙酯	1.29
十二烷酸甲酯	1.82
三氯甲烷	2.82
乙酸乙酯	3.63
十二醇	6.03
乙醚	7.76
辛醇	7.59
乙醇	12.02

在表示溶剂物性中还有一个活度系数,它表示物质的有效摩尔分数。活度系数可以反映出真实混合液的组分与理想组分差异。在溶剂中,醇的活度系数与其分配系数负相

关,因此可以由活度系数定性判定溶剂的萃取能力,由于这种定性判定实际上也是以分配系数为标准,所以不再将活度系数单独列出。25 ℃时,丁醇在溶剂中的活度系数见表7.4-2:

表 7.4-2 丁醇在常见溶剂中的活度系数(25 ℃,丁醇摩尔分数 0.1)

溶剂	分配系数
苯酚	0.18
环己烷	1.06
苯	0.52
2-乙醚	0.18
1,4-二羟基萘	0.23
甲基吡啶	0.66
嘧啶	0.72
2-乙基己醇	0.74
异二丁醇	1.09
四氯化碳	2.04
四氢化萘	5.79
硝基苯	5.59

2. 选择性系数

选择性系数 β 可以用来表示关键组分 A 在两液相的含量差异,定义公式为:

$$\beta = \frac{\dfrac{y_A}{y_B}}{\dfrac{x_A}{x_B}} = \frac{k_A}{k_B} \tag{7.4-2}$$

式中:y 表示萃取相中组分 A(或 B)的质量分数,x 表示萃余相中组分 A(或 B)的质量分数,β 的值代表了萃取效果的好坏。若 $\beta = 1$,则 k_A 等于 k_B,说明不能用该萃取剂用萃取方法进行分离,通常 $\beta \geqslant 1$,β 越大,表明分离效果越好,β 为无穷大时,说明组分 B 不溶于萃取剂。

3. 萃取率

萃取率表示关键组分被萃取的程度,即关键组分 A 在萃取相中的质量与其总质量的百分比。定义公式如下:

$$萃取率 = \frac{萃取相中的 \ A \ 的质量}{A \ 的总质量} \times 100\% \tag{7.4-3}$$

萃取率受分配系数和操作条件的影响。选择合适的萃取剂,提高分配系数,选择最优的操作条件,都是提高萃取率的途径。

4. 其他标准

除了以上三个主要考虑因素外,选择萃取剂时还要考虑:①萃取完成后,利用密度差,萃取体系可以很快地分相;②萃取剂的化学性质稳定,不与被分离混合液发生反应;③溶质便于回收。此外,还要同时将萃取剂的价格、购买途径、无毒无腐蚀性等多个因素全面考量,从而选择出最合适的萃取剂。

四、实验方法及分析方法

1. 实验方法

经过对多种溶剂的性质比较,初步选择正辛醇为萃取溶剂来分离正丁醇–水体系。具体实际萃取效果需要实验进行进一步验证。

(1)常温下,配置正丁醇饱和水溶液(质量分数7.15%),实验中将配置好的正丁醇饱和水溶液称作混合液。

(2)定义正辛醇与正丁醇–水混合液的质量比为萃取比 R。正辛醇为萃取剂,按照一定萃取比与混合液进行混合。

(3)常温下将一定量的正辛醇加入混合液,随后将混合液倒入锥形瓶后放置于恒温振荡器中进行振荡1 h,使萃取剂与正丁醇混合充分。

(4)振荡一段时间之后,关闭振荡器,锥形瓶在振荡器中静置0.5 h后体系出现清晰相界面。

(5)分液,上层为有机相即正辛醇富集相,下层为水相即水富集相。

(6)分析有机相与水相两相组成。

(7)以上过程为一次单级萃取过程。多级错流萃取为单级萃取过程的多次重复,对于一个多级萃取流程,每级萃取所加入的新鲜萃取剂的量均等(如图7.4-2所示)。按照以上方法进行多级错流萃取分离。

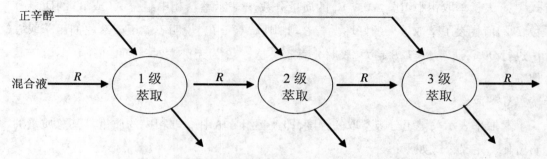

图7.4-2 正辛醇多级错流萃取正丁醇流程示意图

2. 分析方法

有机相中正丁醇含量采取气相色谱检测,标准曲线法测定有机相中正丁醇的含量。卡尔-费休水分滴定仪测定有机相含水量。根据物料衡算原则计算其他组分含量。

五、实验方案的拟定

1. 相关文献知识查阅

查阅资料,了解多级错流萃取原理、正丁醇饱和溶液配置方法、正辛醇多级错流萃取正丁醇-水混合液的方法及结果分析方法,设计初步实验方案。

2. 拟订实验方案

(1)练习正丁醇-水溶液配置方法,学会萃取实验方法及实验检测仪器的使用;

(2)确定气相检测方法,确定气相分析方法,建立标准曲线;

(3)设计详细的实验操作步骤;

(4)安排实验进度;

(5)列出参考文献。

3. 实验所用到主要仪器及分析设备

卡尔-费休水分滴定仪,恒温振荡器,气相色谱仪,色谱工作站,电子天平,分析天平。

六、实验方案讨论

在预约的实验前一周与老师进行实验方案的讨论,实验方案通过后方可进行下一步的实验。

七、实验过程

(1)根据实验所需领取实验原料;

(2)选择合适的实验器材,包括玻璃器材、色谱柱等;

(3)配置饱和正丁醇-水混合液;

(4)进行单次萃取与多级错流萃取实验,考察正辛醇萃取效果;

(5)对实验结果进行分析处理。

八、实验结果讨论

(1)根据实验结果对正辛醇萃取混合液中正丁醇的萃取效果进行分析,比较单次萃取与多次错流萃取的性能差异,利用多级错流萃取公式来分析计算差异原因。

(2)探讨影响萃取效果的因素,对不同实验因素进行对比分析。

(3)有条件的可以利用 Aspen plus 对多级错流萃取进行软件模拟,并将模拟结果与实际结果对比分析。

实验 7.5 十二碳二元酸粗品重结晶纯化工艺

十二碳二元酸(dodecanedioic acid, DDA)又称泌脂酸、月桂二酸,是指碳原子数为十二的脂肪族直链二羧酸,属于长链二元酸的一种。它是一种重要的精细化工中间体,有着重要而广泛的工业用途,它参与合成的二酯、聚酯及聚酰胺等,在高级工程塑料、高级涂料、黏合剂、润滑油、香料、染料、洗涤剂和阻燃剂等行业中,有着不可替代的作用。

十二碳二元酸在自然界不单独存在,工业生产中常用的合成方法有化学合成法和生物发酵法。化工合成十二碳二元酸的方法有很多种,其中包括空气氧化环十二烷、钌盐或铈盐氧化烯烃、四氧化钌氧化环己烷、四氧化钌氧化二元醇以及在甲磺酸存在下正四价铈离子氧化芳香族化合物等。合成所得粗产品需要进一步精制提纯,常见提纯方法有以下几种。

(1)水相法:水相法,就是指以水为溶剂结晶分离出 DDA 的方法。该法包括盐析、过滤、酸析结晶等步骤,具有操作过程简单、安全,设备投资少,对环境污染小等优点,但该法提出的二元酸在外观色泽、纯度及粒度分布等相对溶剂结晶法差,因此需要进一步研究。

(2)酯化法:该法相对于水相法能得到更高纯度的 DDA,纯度往往在99%以上。酯化法是先将二元酸与低级醇酯化形成酯,经高温蒸馏分离出酯后,将其水解,最后重结晶或者酸析结晶得到精制 DDA。但该法操作过程复杂,反应时间长,能耗大,对设备要求高,所使用的低级醇沸点高、挥发性强,不适于大规模工业化生产。

(3)有机溶剂法:该法又称为溶剂重结晶法,它是利用不同温度下 DDA 与杂质在特定溶剂中的溶解度差异,来达到分离纯化 DDA 的目的,选用何种类型的溶剂至关重要。溶剂重结晶法制得的产品色泽好、纯度高,可直接用于中下游产品的合成。该法需要考虑有机溶剂选择问题、有机溶剂损失问题及安全问题等。

(4)其他方法:除了上述三种比较常见的方法外,还可以采用其他方法对 DDA 进行提纯,如降膜结晶法、分子蒸馏技术等。

为了使学生了解和掌握结晶工艺,本实验以有机溶剂法精制十二碳二元酸粗产品,通过学生自主进行溶解度检测实验,自行进行溶解度相图绘制分析,自行对实验条件进行分析优化,培养学生文献调研能力、实验设计能力、实验动手能力及实验结果分析处理能力。

一、实验目的

(1)掌握溶剂结晶的原理及实验方法。

(2)学会粗 DDA 结晶提纯溶剂的选择方法。

(3)掌握乙醇中重结晶时的热力学数据的测定方法,包括不同乙醇浓度、不同温度下 DDA 在乙醇中的溶解度,学会溶解度相图分析方法。

(4)分析掌握影响结晶工艺的因素,如溶剂种类、萃取剂浓度、萃取剂量、搅拌速率、固液比、温度等。

(5)掌握气相色谱的使用方法、面积归一化测定 DDA 纯度方法及标准曲线的绘制。

(6)培养学生实验设计能力、实验动手能力及结果分析能力。

二、实验原理

十二碳二元酸是一种有机酸,它几乎不溶于水,而易溶于某些有机溶剂,因此可以有机溶剂作为分离介质。有机溶剂法又称溶剂重结晶法,它是利用不同温度下 DDA 与杂质在特定溶剂中的溶解度差异,来达到分离纯化 DDA 的目的,选用何种类型的溶剂至关重要。

按操作过程不同可将有机溶剂法分为两种。

第一种方法主要是利用相似相容原理。选用一种溶剂或是由几种溶剂组成的混合溶剂对 DDA 粗品进行溶解,加活性炭或活性白土等脱色,过滤,滤液降温结晶,得到纯度较高的 DDA。这种方法是一种纯粹采用结晶进行分离的方法。可用于该法的溶剂种类较多,有低碳数的醇、醛、酮、酸、芳烃及其两种或多种组成的混合溶剂。目前,该法已实现工业化。

第二种方法不仅是一种结晶方法,还是一种萃取方法。该法先用溶剂甲溶解 DDA,然后加入与溶剂甲不互溶的溶剂乙,振荡或搅拌,使 DDA 或杂质转移到溶剂乙中,静置,待分层后将含 DDA 的液层分离出来,除去溶剂,即达到提纯 DDA 的目的。这种方法对选择溶剂的要求比较高,最后得到的 DDA 不易于分离,工业上一般不采用。

溶剂重结晶法制得的产品色泽好、纯度高,可直接用于中下游产品的合成。但在使用有机溶剂时,需要注意几个问题:首先是有机溶剂的选择问题。在选择有机溶剂时,应选择高温时对 DDA 溶解度大、低温时对其溶解度小的溶剂,同时还要考虑黏度、过滤性能、安全性及溶剂回收等问题。其次是有机溶剂的损失问题。一般情况下,有机溶剂的用量是 DDA 的数倍,用量极大,且有机溶剂易挥发,在使用的过程中有所损失在所难免,但损失越多,DDA 的成本也会越高。如何减少溶剂损失,是选择溶剂和设备时必须考虑的问题。最后要考虑的是安全问题。有机溶剂一般都有毒,有些遇火易燃易爆,因此在使用有机溶剂时,要注意操作人员的安全问题和防火防爆体系的建立。

三、十二碳二元酸重结晶溶剂的筛选

1. 十二碳二元酸粗品成分分析

(1)总酸含量测定:酸碱滴定法测定样品总酸含量。称取 0.3 g(精确到 0.0001 g)左右的 DDA 样品,用 30 mL 95% 中性乙醇溶解,以 1% 酚酞溶液为指示剂,用 0.5 mol/L 的 NaOH 标准溶液滴定至溶液呈微红色,保持 30 s 不褪色,记下消耗 NaOH 溶液体积数,平行测量三次,结果差值不得大于 0.2%,取三次测定结果的算术平均值作为最终结果。总酸含量计算公式为:

$$DDA(\%) = \frac{c \times V_{NaOH} \times M}{2 \times 1000 \quad m} \times 100\% \tag{7.5-1}$$

式中:c——NaOH 标准溶液的摩尔浓度(mol/L);

V_{NaOH}——消耗 NaOH 的体积(ml);

M——DDA 的分子量(230.3);

m——DDA 的质量(g)。

(2)DDA 含量测定:该法测定 DDA 依据的原理是在四甲基氢氧化胺作用下,DDA 甲酯化生成十二碳二酸二甲酯,后采用面积归一化法测定样品中的 DDA 含量,DDA 的纯度即为总酸含量与 DDA 归一化含量的乘积。称取少量 DDA 样品,滴 1～2 滴酚酞指示剂,用 25% 四甲基氢氧化胺溶液溶解,直至溶液呈微红色,用甲醇(色谱纯)稀释至适当浓度后,进样分析。

(3)含氮量测定:样品中的含氮量直接采用微量凯氏定氮法测量。

(4)Fe 含量测定:采用分管光度计发测定样品的 Fe 含量。

(5)灰分测定:灰分测定采用 GB/T 7531—2008 有机化工产品灼烧残渣的测定。

(6)水分测定:采用重量法测定 DDA 样品水分含水量。参照 GB/T 6284—2006。

(7)酯生成量测定:采用气相色谱外标法测定结晶过程中生成的单双酯的量。

(8)溶解相图的测定:采用重量法测定 DDA 在不同浓度乙醇溶液中的溶解度。在含适量一定浓度乙醇溶液的夹套杯中,加入过量 DDA 粗品,调节水浴温度保温搅拌一段时间,使 DDA 充分溶解。观察激光功率计读数,当显示器读数不变时维持 30 min,认为此时溶液达到平衡。取一定量上述悬浮液过滤,滤液放于已恒重的小烧杯中,将小烧杯放于 60 ℃ 烘箱恒重。每个温度下取 3 个样,最后取其平均值。溶解度计算公式如下:

$$S = \frac{100(m_2 - m_0)}{m_1 - m_2} \tag{7.5-2}$$

式中:s——DDA 在 100 g 溶剂中的溶解度(g 溶质/100 g 溶剂);

m_0——小烧杯质量(g);

m_1——小烧杯和滤液总质量(g)；

m_2——小烧杯和溶质质量(g)。

化工厂生产 DDA 粗品成分及市场质量标准如表 7.5-1 所示：

表 7.5-1　化工厂生产 DDA 粗品成分及市场质量标准

名称	粗品	标准
十二碳二酸/%	91.72	≧98.5
其他二元酸/%	2.08	≦1.0
一元酸/%	5.65	≦0.08
水分/%	0.33	≦0.4
灰分/%	1806	≦2.0
铁/%	15.5	≦1.0
氮含量/%	349	≦34

2. 重结晶溶剂的选择

溶剂选择依据 DDA 的溶解特性以及粗品所含杂质种类来选。根据相似相溶原理，选择溶剂时候应考虑溶剂的热力学性质(如物理性质、对 DDA 溶解度等)，常见的溶剂在 20 ℃时的介电常数、分子式及对 DDA 溶解度如表 7.5-2 所示：

表 7.5-2　常见溶剂的介电常数及对 DDA 的溶解性

溶剂	介电常数 $\varepsilon/(F/m)$	溶解度
水	80.18	-
乙酸	6.25	++
乙酸乙酯	6.02	++
乙酸丙酯	6.002	+
乙酸丁酯	5.01	++
乙酸正戊酯	4.75	+
乙醇	25.7	+++
乙腈	37.5	+
丙酸	3.435	++
2-丁酮	18.51	++
乙二醇二甲醚	5.5	+++

四、实验方法

1. 重结晶溶剂的选择

（1）称取适量 DDA 加入一定质量溶剂中，加热混合物至 DDA 完全溶解。该温度下维持 30 min，以 2 ℃（或 3 ℃）为梯度开始降温，每降一个温度梯度，停留 30 min，直至室温。

（2）对晶浆悬浮液进行抽滤，取滤饼，室温晾干，留待分析。

2. 以乙醇为重结晶溶剂时候酯化程度研究

分别称取 5.00 g DDA 粗品溶于不同浓度乙醇溶液（200.00 g）中乙醇体积分数分别为 50%、60%、70%、80% 和 90%，置于不同温度的水浴中（45、55、65、75 ℃）。每 1 h 取一次样，样品静置于 10 ℃ 冷水中 1 h，待 DDA 结晶析出，取上清液，用 0.22 μm 有机膜过滤，收集滤液，进行液相分析。

3. 搅拌速率对重结晶的影响

取 15.00 g DDA 粗品于 150 mL 工业乙醇中（乙醇体积分数为 95%），加 3% 活性炭 55 ℃ 脱色 30 min，保温过滤，滤液加入 500 mL 三颈烧瓶中，此时整个体系温度为 55 ℃。10 h 内边搅拌边冷却结晶，搅拌桨叶直径 50 mm，搅拌转速分别控制在 0、63、121、180 r/min，以 2 ℃ 为梯度降温，直至降至室温。过滤晶浆悬浮液，收集滤饼，室温晾干，留待分析。

4. 乙醇浓度对重结晶的影响

称取 10.70 g DDA 粗品于 200.00 g 不同浓度的乙醇溶液中（乙醇体积分数分别为 60%、70%、80% 和 90%），加 3% 活性炭 55 ℃ 脱色 30 min，保温过滤，滤液加入密闭反应釜（300 mm×1100 mm）中，反应釜夹套通 55 ℃ 水浴。10 h 内边搅拌（110 r/min，桨叶直径 90 mm）边冷却结晶（以 2 ℃ 为梯度），直至混合物温度降至 10 ℃。过滤晶浆悬浮液，收集滤饼，室温晾干，留待分析。

5. 结晶时间对重结晶的影响

称取 10.70 g DDA 粗品于 200.00 g 70% 乙醇溶液中，加 3% 活性炭，55 ℃ 脱色 30 min，保温过滤，滤液加入密闭反应釜（300 mm×1100 mm）中，反应釜夹套通 55 ℃ 水浴。在 10 h 内边搅拌（110 r/min，桨叶直径 90 mm）边冷却结晶（以 2 ℃ 为梯度），直至混合物温度降至 10 ℃，控制整个结晶过程时间分别为 8、10、12 和 14 h。过滤晶浆悬浮液，收集滤饼，室温晾干，留待分析。

6. 初始温度对重结晶的影响

称取 10.70 g DDA 粗品于 200.00 g 70% 乙醇溶液中，加 3% 活性炭，55 ℃ 脱色 30 min，保温过滤，滤液加入密闭反应釜（300 mm×1100 mm）中。调节通入反应釜的循环水温度，使溶液温度分别为 65、60、55 和 50 ℃。10 h 内边搅拌（110 r/min，桨叶直径

90 mm)边冷却结晶(以 2 ℃为梯度),直至混合物温度降至 10 ℃。过滤晶浆悬浮液,收集滤饼,室温晾干,留待分析。

7. 降温梯度对重结晶的影响

称取 10.70 g DDA 粗品于 200.00 g 70% 乙醇溶液中,加 3% 活性炭 55 ℃脱色 30 min,保温过滤,滤液加入密闭反应釜(300 mm×1100 mm)中,反应釜夹套通 55 ℃水浴。10 h 内边搅拌(110 r/min,桨叶直径 90 mm)边冷却结晶,直至混合物温度降至 10 ℃,降温过程分别以 0.5、1、2 和 3 ℃为梯度。过滤晶浆悬浮液,收集滤饼,室温晾干,留待分析。

8. 固液比对重结晶的影响

分别称取 5.00、10.00、15.00 和 20.00 g DDA 粗品于 200.00 g 70% 乙醇溶液中,加 3% 活性炭 55 ℃脱色 30 min,保温过滤,滤液加入密闭反应釜(300 mm×1100 mm)中,反应釜夹套通 55 ℃水浴。10 h 内边搅拌(110 r/min,桨叶直径 90 mm)边冷却结晶(以 2 ℃为梯度),直至混合物温度降至 10 ℃,过滤晶浆悬浮液,收集滤饼,室温晾干,留待分析。

9. 晶体洗涤方式对重结晶的影响

称取 20.00 g DDA 粗品于 300.00 g 70% 乙醇溶液中,加 3% 活性炭 55 ℃脱色 30 min,保温过滤,滤液加入密闭反应釜(300 mm×1100 mm)中,反应釜夹套通 55 ℃水浴。10 h 内边搅拌(110 r/min,桨叶直径 90 mm)边冷却结晶(以 2 ℃为梯度),直至混合物温度降至 10 ℃,过滤晶浆悬浮液,收集滤饼。将滤饼分成 10 份,用不同体积的丙酮(或乙醚)洗涤这些滤饼,收集滤饼,分别室温晾干,留待分析。

五、实验方案的讨论

在预约的实验前一周与老师进行实验方案的讨论,实验方案通过后方可进行下一步的实验。

六、实验过程

(1)根据实验所需领取实验原料;

(2)选择合适的实验器材,包括玻璃器材、气相色谱柱等;

(3)进行不同温度、不同浓度乙醇溶液对 DDA 的溶解度实验并绘制溶解度相图;

(4)进行重结晶纯化的研究实验;

(5)对实验结果进行分析处理。

七、实验结果讨论

(1)通过对不同试剂结晶提纯粗十二碳二元酸结果筛选合适的结晶溶剂;

（2）探讨乙醇作为重结晶溶剂时 DDA 酯化影响因素分析；

（3）通过对不同条件对重结晶工艺的影响选择最优反应条件，探讨影响因素的主次顺序；

（4）有条件的可以采用 SAS8.0 软件设计关于初始温度、降温梯度及固液比三因素对 DDA 纯度的影响的响应面实验，构建模型计算理论最优条件与实际实验结果进行验证。